生物多样性与环境变化丛书

变化中的生态系统

——全球变暖的影响

Changing Ecosystems

Effects of Global Warming

[美] Julie Kerr Casper 著

赵 斌 郭海强 等译

BIANHUA ZHONG DE SHENGTAI XITONG

高等教育出版社·北京
HIGHER EDUCATION PRESS BEIJING

图字：01-2012-1753 号

图书在版编目(CIP)数据

变化中的生态系统：全球变暖的影响/(美)卡斯珀(Casper, J. K.)著；赵斌，郭海强等译. --北京：高等教育出版社，2012.6

书名原文：Changing Ecosystems：Effects of Global Warming

ISBN 978-7-04-034769-2

Ⅰ.①变… Ⅱ.①卡… ②赵…③郭… Ⅲ.①全球变暖—影响—生态系统—研究 Ⅳ.①Q147

中国版本图书馆 CIP 数据核字(2012)第 063849 号

策划编辑 陈正雄　　责任编辑 张雪丽　　封面设计 张　楠　　版式设计 马敬茹
责任校对 胡美萍　　责任印制 刘思涵

出版发行	高等教育出版社	咨询电话	400-810-0598
社　　址	北京市西城区德外大街 4 号	网　　址	http://www.hep.edu.cn
邮政编码	100120		http://www.hep.com.cn
印　　刷	北京人卫印刷厂	网上订购	http://www.landraco.com
开　　本	787mm ×1092mm　1/16		http://www.landraco.com.cn
印　　张	11.25	版　　次	2012 年 6 月第 1 版
字　　数	210 千字	印　　次	2012 年 6 月第 1 次印刷
购书热线	010-58581118	定　　价	39.00 元

物 料 号　34769-00
审 图 号　GS (2012) 349 号

《生物多样性与环境变化丛书》总序

生物多样性是人类赖以生存、繁衍和发展的物质基础和自然资本,是人类自身几乎无法创造或生产的自然产品,无疑也是维持社会经济可持续发展、维护国家安全和社会稳定的战略性资源,具有巨大的经济和社会价值。生物多样性不仅为人类提供了生存的必需品(如食物、工业原料、药物等),而且还提供了无法替代的生态服务,其每年创造的生态服务价值接近人类社会创造的GNP的两倍。所以,具有自然生物多样性水平的健康生态系统是人类福祉的基础。

然而,人口的快速增长、工业化和城市化进程的加快以及农业的强化等导致的土地利用方式的改变、资源的不合理利用、外来物种入侵、气候变化、环境污染等主要环境变化过程,正在以前所未有的速度影响着生物多样性及其所栖息的生境。《千年生态系统评估》指出,当前物种灭绝的速度是化石记录速度的1 000倍,并预测未来物种灭绝速度将是当前的10倍多;全球温度上升1 ℃,意味着10%的物种将面临灭绝的风险。

我国是世界上生物多样性最丰富的国家之一,物种丰富、特有种众多、遗传资源丰富,被誉为生物多样性大国。然而,我国同世界其他国家一样,生物多样性丧失问题日益严峻。根据中国履行《生物多样性公约》第四次国家报告,我国90%的草原存在不同程度的退化、沙化、盐渍化、石漠化;全国40%的重要湿地面临退化的威胁,特别是沿海滩涂和红树林正遭受严重的破坏;物种资源和遗传资源丧失问题突出,等等。

我国是世界上人口最多的国家,对生物多样性资源的依赖程度也是最高的,正因为此,我国也是对生物多样性造成威胁最严重的国家之一。针对生物多样性丧失的严峻态势,中国政府致力于从源头上消除造成生物多样性丧失的因素。随着中国政府加大生态保护和生物多样性保护的力度,生态恶化的趋势将可能得到局部的遏制,部分受损生态系统的结构与功能将得到一定程度的恢复;一些国家重点保护的动、植物物种和部分野生动、植物种群数量保持稳定或有所上升;生物栖息地质量逐渐得以改善。然而,总体来看,中国的生物多样性仍将面临严重的威胁,特别是随着中国人口的进一步增加、经济的持续增长以及环境变化的进一步加剧,生物多样性及其栖息地仍将面临巨大的压力,因此,亟待开展环境变化背景下生物多样性的保护与研究工作,从根本上扭转生物多样性丧失和退化的不利局面。值得注意的是,就目前的研究现状来看,对环境变化背景下我国生物多样性的动态、保护和可持续利用的研究与生物多样性所面临的威胁远不相称。所以，在我国加强环境变化下生物多样性的教育和基础与应用转化研究，不仅有助于有效保护生物多样性以及合理和可持续利用生物多样性资源，而且也有助于提升我国在生物多样性和环境变化科学研究中的整体水平和实力。

编辑和出版《生物多样性与环境变化丛书》，其目的是介绍生物多样性和环境变化科学的理论体系、研究方法和最新研究成就，向社会传播相关的科学知识。为此，本丛书将包括相关的中外优秀教学参考书（中文版）、研究性专著（中文或英文版）、科普性质的著作等。希望本丛书一方面能满足这两大领域发展所需专业人才培养以及知识普及的需要，另一方面能为我国生物多样性和环境变化科学的研究起到推动作用。

总之，人类活动所导致的生物多样性的丧失和环境变化已影响到人类自身的生存和社会的可持续发展。当下，我们需要自觉、理性地调整我们的价值观和行为，以使人与自然能和谐共存、协调发展。这样，我们才能做到为子孙后代留下地球，而不是向他们借用地球，从而能让他们继承地球——我们拥有的唯一星球。

希望本丛书所传播的知识能为遏制生物多样性的丧失和环境变化起到积极作用，这也正是我们编辑和出版这套丛书的努力所在。

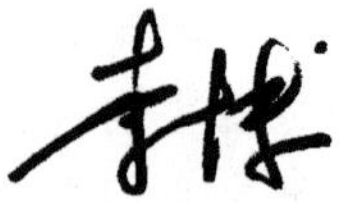

2012年立夏于复旦大学

译 者 序

地球自诞生以来一直处于变化之中，但人类的干扰会改变其自然变化的模式与趋势，甚至带来不利于地球生物和人类生存的全球性影响。我从2003年开始涉足全球变化对生态系统影响的研究工作，为了制造让自己学习的压力，也为了培养后备力量，我从2005年开始在复旦大学开设了“地球系统科学与管理”全校公选课程，并从2008年开始面向生命科学学院的本科生和研究生开设了“全球变化生物学”课程。在备课和课程教学中，我越来越发现，缺乏合适的教材和课外读物对教学是很不利的。上课没有相应的教材，学生只能“裸”听，无法完成课前预习和课后复习。为此，我一直在寻找合适的教材或课外读物。终于，在2011年被《变化中的生态系统》(*Changing Ecosystems*: *Effects of Global Warming*)这本书所吸引并决心将其翻译出来，与本书同时进入我的视野而被遴选的还有《气候变化生物学》(*Climate Change Biology*)。这两本书正好搭配为姊妹篇，前者略显通俗，类似科普，后者相对精准与专业，适合不同层次的学生阅读。特别是本书，既可以作为大众科普读物，也可作为大学本科生教材。

本书的翻译工作是我们GC3S实验室的研究生和年轻教师集体智慧的结晶。具体分工如下：

前言、致谢和绪论：赵斌、郭海强

第1章：沈琦、赵斌、郭海强

第2章：郭海强、赵斌、阳祖涛、谢潇

第3章：郭海强、赵斌

第4章：阳祖涛、赵斌、郭海强

第5章：张婷婷、赵斌、郭海强

第6章：张婷婷、赵斌

第7章：曾胜兰、赵斌、谢潇、郭海强

第8章：谢潇、赵斌、郭海强

第9章：沈琦、赵斌

大事记和术语表：赵斌、张墨谦

阅读材料：赵斌、阳祖涛、张墨谦

在此，我非常感谢参与翻译的各位师生的辛勤劳动和通力合作，也非常感谢原著作者 Julie Kerr Casper 博士及其经纪人在版权转让方面的积极配合。同时，这本书能够如期出版，也与高等教育出版社李冰祥编审、陈正雄编辑、张雪丽编辑所付出的时间和劳动分不开。

赵斌、郭海强

2012 年 3 月于复旦大学立人生物楼

前　言

> 我们的地球不是从祖先那里继承来的，而是从子孙那里借来的。

如今人类的困境不幸被这个古印第安箴言言中了，而且变得越发明显。人类的行为及其与环境的相互作用不仅影响我们现在的生活状况，还会殃及未来好多代人。人类必须重视自己对地球气候的影响，我们今天的选择将会影响到子孙后代。

许多年前，马克·吐温开玩笑说："每个人都在谈论天气，但是没有人能为它做什么。"现在这已不再是事实了，人类正在改变着全球的气候，并在局地、区域和全球等不同地域尺度的天气上表现出来。科学家告诉我们："气候是我们所期盼的，天气是我们所得到的。"①当一个确定的地点、区域或整个星球的长期的平均天气状况发生了改变，气候变化就发生了。

全球变暖和气候变化都是非常紧迫的主题。新闻、谈话类节目，甚至恐怖电影，都在讨论这个话题。事实究竟如何？全球变暖对个人究竟意味着什么？它应该意味着什么？

本系列丛书的大多数读者，目前还只是初中生和高中生，他们可能会成为未来的领袖或科学家。全球变暖及其威胁是真实存在的。随着科学家逐步揭开过去气候的神秘面纱，并分析人类今天的行为，他们警告，人类后代的处境岌岌可危。现在绝大多数证据表明，人类的活动正在改变全球的气候。数千年来，地球大气层只有少许的变化，但今天这种平衡却难以为继。温室气体正以令人担忧的速度被释放到大气中。自工业革命(18 世纪末，19 世纪初)以来，交通、农业、化石燃料燃烧、废物处置和处理、森林砍伐、发电、土地利用、生物质燃烧、工业生产等相关的人类活动增加了大气中温室气体的浓度。

人类的这些活动正以前所未有的速度改变着大气组成。有些人认为地球大气变暖几度是无害的，不可能对人类有什么影响，但全球变暖，不单单是一个变暖或变冷趋势，它将产生深远的和不可预知的环境、社会和经济后果。以下

---

① 译者注：这句话实际应该是马克·吐温说的。

说明一些温度升高几度所产生的效果。

地球在13 000年前经历了一个冰期，之后全球温度上升了5℃，致使覆盖北美大陆大部分地区的巨大冰原融化了。今天，科学家们预测，仅仅21世纪地球平均气温就可能会升高7℃，那么，这对存留下来的冰川和冰盖会造成什么影响呢？

如果温度的升高正如主流科学家所预测的那样，那么可利用的淡水资源将会变得越来越少，而目前世界上1/3的人口（约20亿人）已经遭受水资源短缺的困扰。缺水将使农民无法进行粮食生产，也将永久破坏敏感鱼类和野生动物的生存环境。随着海平面上升，沿海陆地和岛屿将被淹没和破坏。热浪将热死数以万计的人口。高温可导致疾病暴发、传播。空气中植物花粉和霉菌孢子会增加，影响有敏感症的人群。2005年肆虐美国东南部的卡特里娜飓风所带来的大范围灾难仍让人记忆犹新，恶劣天气的增加会导致类似的或更强的飓风发生。

高温会使一些地区变得干燥、易燃，导致更具破坏性的野火，威胁森林、野生生物和人类的家园。如果干旱破坏了雨林，地球上微妙的氧、碳平衡将被打破，影响水、空气、植被和所有的生命。

虽然美国一直是全球变暖的最大贡献国之一，但是在采取措施来修复这些已造成的破坏方面却蜗行牛步，远远慢于加拿大、澳大利亚和西欧等国家和地区。《全球变暖》(*Global Warming*)是一部多卷丛书，它将告诉读者这样一个概念：每个人都是地球大家庭的一员，都对这项修复工作负有责任。事实上，要完成这项修复工作，唯一的解决方法是同心同德、精诚合作。这套7卷丛书涵盖了所有需要关注的重要气候主题，有助于读者建立稳固的基础知识，并可利用这些信息采取更有效的方式解决一些关键问题。这套丛书包括：

- 《气候系统》(*Climate Systems*)
- 《全球变暖趋势》(*Global Warming Trends*)
- 《全球变暖周期》(*Global Warming Cycles*)
- 《变化中的生态系统》(*Changing Ecosystems*)
- 《温室气体》(*Greenhouse Gases*)
- 《化石燃料和污染》(*Fossil Fuels and Pollution*)
- 《气候管理》(*Climate Management*)

这套丛书覆盖了多个主题，包括气候是如何变化的，如何从过去的冰期中学习，自然因素是如何引发全球变暖的，地球未来是否会进入另一个冰期，目前地球气候在如何变化，如何对灾难天气进行应急准备，如何预测未来，以及为什么气候影响人们所做的一切，包括从粮食生产到房屋取暖，再到地球自然资源的利用，以及新的科学发现等。丛书关注：海平面上升将会对岛屿和其他地区造成怎样的影响；各种类型的生态系统是如何受到影响的；如果雨林受到破坏，人类将失去什么；工业化和污染如何让人们的生活处于危险之中；发展环境友好型能源资源的好处是什么。

这套丛书还介绍了有趣的计算机模拟技术，以及如何利用这些模拟技术揭开过去气候变化和全球变暖的神秘面纱，如何预测局地、区域和全球未来的气候，而这些正是明天的领导人今天需要知道的事情。

如果我们只知道教给我们的东西，那么我们只学会了别人认为重要的东西，我们应该学会评价哪一个东西更重要。

——印地安谚语

致　谢

在你的一生中有时不得不做出一些决定，对待全球变暖的态度可能就是其中的一个，而且它也是非常重要的决定。你今天做出的关于能源与日常保护措施的决定，不仅决定了你自己的生活质量，也决定了你的子孙后代的生活质量。

我不厌其烦地强调，深入了解全球变暖有多重要。全球变暖究竟是什么？为什么会发生？如何才能减缓？为什么大家都关注这个问题？为什么每个人都需要积极参与解决呢？

我这里要真诚地感谢美国联邦政府的一些研究机构，他们研究、教育并积极参与应对全球变暖的问题。特别是美国国家航空与航天局（National Aeronautics and Space Administration，NASA）、美国国家海洋与大气管理局（National Oceanic and Atmospheric Administration，NOAA）、美国环境保护署（Environmental Protection Agency，EPA）和美国地质调查局（U. S. Geological Survey，USGS）等提供了丰富资料，以及在这个重要主题上拓展了研究项目。我尤其要感谢 NASA 戈达德太空研究所（Goddard Institute for Space Studies，GISS）的 James E. Hansen 博士的多年领导和科学研究。他在过去 20 多年的开拓性努力，使其他科学家、研究者和全球政治领袖更好地了解了这个科学问题的范畴，这涉及何时必须采取行动，以免太迟而悔之晚矣。我还要特别感谢阿尔·戈尔和阿诺德·施瓦辛格，两人努力将全球变暖问题介绍给公众并引起他们的注意。我同时还想感谢美国、英国、加拿大和澳大利亚许多大学，以及世界自然基金会和忧思科学家联盟等私营机构，他们真的很棒！他们努力地教育他人，并帮助他们在这个非常现实的问题上找到一个解决方案。

我还要感谢我的经纪人 Jodie Rhodes 的帮助、指导和努力，同时也想对我的编辑 Frank K. Darmstadt 的辛勤工作、奉献精神、支持、有用的建议以及对细节的精雕细琢表示感谢。他努力地促成了这个写作项目，相信其价值是无法估量的。我还要感谢文字编辑部的帮助和他们杰出的工作，特别要感谢 Alexandra Lo Re，她将其所有的热情都投入到了这个重要项目上。

绪　论

地球正日益变得温暖——夏天越来越热，冰川正在融化，海平面不断上升，气象现象变得更加难以预料。尽管人类引发的全球变暖只是在过去几十年才让人们感觉到是一个严重的问题，但气候学家早有证据证实人类其实在慢慢改变地球的气候和环境。虽然这个变化到目前为止并不算太快，但科学家认为它正开始加速。他们预计，21世纪地球会比过去42万年的大多数年代都要热。

在时间的长河中，自然的全球变暖也会发生，并受到地球自转、地轴、地球位置和绕太阳公转轨道之间的关系，以及大的火山喷发（数千年来变化的增量一直很小）等因素影响。这些渐变过程可让大多数物种通过迁移或适应而幸存下来。然而，近一个世纪的气候以异常速度急剧变暖，这使专家们相信引发当今全球变暖的罪魁祸首是人类。许多人类的活动，如为获取能源而燃烧化石燃料以及大规模砍伐森林，导致大气变暖的速度快得令人担忧。专家们认为，未来，人类引发的破坏将足以对物种分布及其关键栖息地产生严重影响，增加恶劣气候事件的发生，导致海平面上升并触发大量的影响人类健康和生活质量的问题。遗憾的是，地球上没有任何一个生态系统能逃离人为引发的全球变暖的“魔掌”。

本书着眼于目前正在发生，而且未来还将存在，对每个生态系统都有深远影响的严肃问题。本书还解释了为什么读者目前理解这些相关的问题非常重要，这可避免因全球变暖问题变得更严重而无法收拾，在许多生物及其栖息地一去不复返之前，提醒人们帮助解决这些问题。

第1章主要介绍有关全球变暖对生态系统影响的知识，包括目前的科学发现、已观测到的效应，以及对未来影响的预测。本章说明了为什么区区几度的变暖是一个严重的问题。

第2章着眼于生物多样性的概念，以及脆弱性物种的出路何在，即使目前还属完善的生态系统也应考虑这个问题。你将看到干扰和影响如何迫使一个物种或者适应，或者死亡。这一章还将解释为什么土地利用变化会对自然生态系统造成严重破坏，尽管这些变化对人类来说也许是更好或更方便的事儿。

第3章专门探讨全球变暖对森林生态系统的影响。全球的森林可分为三类：温带森林、寒带森林和热带森林。本章说明了为什么森林生态系统是众多自然资源的宝藏，并解释了全球变暖是如何威胁和摧毁它们的。一些森林资源可用于疾病治疗，但可能在找到治疗方法之前森林就被毁灭了。本章还向读者展示了人类如何促使这个问题的发生和加速森林的破坏，实际上这增加了森林应对全球变暖的脆弱性。

第4章集中讨论气候变暖对牧场、草地和草原等生态系统的影响。在媒体讨论全球变暖问题时，这些内容并不是经常被提到。这些生态系统中有丰富的野生生物存在，并且是世界上大多数食物的来源。本章中，读者将了解到这些生态系统对地球上每个人究竟有多么重要，以及为什么维护生态系统的健康是如此重要。

第5章将带领读者到地球的末端——极地去看看。这些地区属于地球上生态最脆弱的区域，且受到全球变暖最剧烈的影响。野生动物，如庞大的北极熊，随北冰洋冰层的融化正面临着灭绝的危险。这些野生动物在冰面上捕猎、繁育和觅食。没有冰，北极熊根本不能生存。极地似乎离我们很远，但我们使用化石燃料正是在给北极熊写死刑判决书。本章还将关注永久冻土的动态，以及为什么它的融化会造成如此大的破坏。同时，本章还探讨植被区的迁移，以及哪些物种可能会因此而消失。

第6章主要集中在荒漠生态系统，阐述在日益增温的地球，它们所受到的具体威胁是什么。本章着重探讨了干旱问题，包括为什么干旱正在增加，哪些地方干旱正在增加。之后谈及荒漠化的过程，它能在哪里发生，会影响谁，是否有可能管理。本章中，你将了解夺取数千人性命的致命热浪，以及未来热浪会扮演什么样的角色。最后，我们将研究令人害怕的野火，以及类似发生在南加州的森林大火。未来，随着全球变暖的增加，这样的野火会变得越来越普遍。

第7章论述了气候变暖是如何影响世界山地生态系统的，以及山地生态系统所面临的威胁。本章解释了为什么世界山区都处于危险之中，以及当气温升得太高时，哪一部分生物将无处可逃。这同时也给读者提供了一个视角，全球变暖对这些地区的经济有什么影响，为什么某些冬季度假胜地未来可能不会有那么多的顾客预约和光临。

第8章提供了目前海洋生态系统（海岸线、深海、温带海洋、热带海洋和淡水区）所受到的影响。解释了美丽的珊瑚礁的悲惨命运，以及目前哪些国家正在努力去阻止其灭亡。同时本章也探讨了地球淡水供应不足的问题，以及如果我们对其不进行有效的保护和管理，后果将是什么。

最后，本书展望未来——我们的选择是什么，我们所知道的一切是基于我们已经看到的情况，是现在与过去存在的生态系统中发生过的，其中有许多方法让我们每个人都可以帮助解决地球各生态系统正面临的问题。读者会找到如何激励自己并对生态负责（eco-responsible）的办法。毕竟，我们要与众多的生命形式分享这个星球，我们需要保持这样的状态。

目　　录

第1章

全球变暖的信号与影响

全球变暖是当今世界最具争议的话题之一，其争议性不仅因为它是一个严峻且意义深远的全球性议题，将会对世界带来长期的负面影响，而且因为它涉及地球上每个人的生活方式及个人选择。的确，全球变暖使得地球上一部分人或者一些生态系统可能遭受相对多的负面影响，一部分人将被迫对生活方式进行更大的改变。对于未来即将发生的一切，每个人都负有一定的责任，而且谁也逃脱不了干系。如果人们现在能够做出更具生态学意义的决策，那么不仅现在的生活会变得更为美好，而且将惠及其子孙后代。反之，如果人们没能做出明智的环境选择，那么未来将会付出沉重的代价。

在本章中，我们将讨论全球变暖对现今生态系统的影响，以及对未来到底意味着什么。我们将利用来自世界各地 2 500 多位科学家的发现，共同探讨全球变暖的各个相关方面，以及对地球上每个人来说全球变暖意味着什么。然后我们将讨论，如果全球持续升温，将会对生态系统带来何种现时的和潜在的影响，以及未来地球为何将变得与以往大为不同，将迫使我们努力去适应之。为了了解全球变暖的进程中世界的某些区域到底会变成什么样子，我们首先必须了解生态系统的概念以及与全球变暖相关的信号和影响。

1.1 全球变暖对生态系统的影响

尽管世界上所有的科学家不一定用同样的方式来看待全球变暖问题，但是他们无不承认地球大气层正在逐渐变暖。在过去的一个世纪，全球温度已升高了超过 0.6℃，与此同时，过去 20 年中有 17 年刷新了历史最高气温纪录。根据美国《时代周刊》(*Time*)2006 年 4 月 3 日的特别报道，政府间气候变化专门委员会(Intergovernmental Panel on Climate Change，IPCC)在2001年发布的第三次报告中，分析了过去20年那些代表大气与海洋温度、野生生物栖息地特征和格局等性质的数据。他们列举了所观察到的变化包括："冰川退缩、永久冻土融化、河流和湖泊冰封期推迟以及融化期提前、中高纬度地区生长季延长、植物和动物生长范围向两极和更高区域迁移、植物和动物种群减少、树木花期提前、昆虫发育提前及鸟类产卵提前等。在很多水生、陆地以及海洋环境中，有记录表明区域气温的变化与所观察到的物理、生物系统的变化之间是存在联系的。"

IPCC是由来自世界各地的2 500多位气候专家组成的团体，每5～7年他们会将其最新的科学发现整合为一份报告，并提交给世界政治领袖们。IPCC由世界气象组织(World Meteorological Organization，WMO)和联合国环境规划署(United Nations Environment Programme，UNEP)共同成立于1988年，专门从事全球变暖问题的研究。他们综合分析的结果证实，现今地球气温的持续增温至少已对420种动植物及其自然过程产生了重大影响，而且这种影响发生在全球范围，并非仅发生在地球上某一特定的地理位置。

IPCC于2007年2月发布的第四次报告推断，人类活动所释放的温室气体"极有可能(very likely)"(>90%)是造成"自20世纪中叶以来绝大部分观察到的全球平均气温增加"的原因。

同时，在这份报告中，他们推断：

"近几十年来，人类所引发的全球增温已经影响了地球上各大洲的许多物理及生物学过程。在29 000例的观察数据系列中，接近九成数据表明其变化与全球变暖的预期响应一致，并且在温度增幅最大的区域观察到的物理和生物学的响应最大。"

在这些研究中，科学家为了弄清人类的影响到底占有多大比例，将影响分解为自然因素和人为因素。人为因素的影响包括如化石燃料燃烧、农业实践、森林砍伐、工业生产、入侵动植物的引入以及各种土地利用变化等人类活动。

在很多情况下，科学家并不需要太多知识就能了解全球变暖正在对环境以及地球生态系统施加的影响。全球的冰川正在以前所未有的速率加速消融。乞力马扎罗山(Kilimanjaro)山顶的冰帽正在迅速消失；位于美国和加拿大的一些世界著名的国家冰川公园的冰川正在消融，并且预期将会在接下来的几十年内完全消失；欧洲阿尔卑斯山的冰川也正遭受相似的命运。

在热带海洋中，那些美丽的、色彩斑斓的、浩瀚的珊瑚正随着海洋缓慢变暖而逐渐消亡。由于无法在更高温度下生存，珊瑚正在经历一个被称做白化的过程，逐渐变白而最终死亡。在北极圈，随着气温的攀升，冰层加速消融，北极熊被困，它们的生存及繁殖的地域遭到破坏，它们将遭受饥饿甚至溺水而亡。永冻层正在加速融化，这样会造成地面移动或者下陷，建筑倒塌，道路和铁轨扭曲，以及向大气释放甲烷（CH_4）气体（另一种导致全球变暖的温室气体），最终扰乱生态系统的物理及化学组分。

气候模式也在改变中。厄尔尼诺现象（El Niño）在东太平洋（北美洲及南美洲）引发了毁灭性天气。极端天气事件如飓风已有所增加。干旱在一些地区，例如亚洲的部分地区、非洲、澳大利亚以及美国西南部变得更为普遍。

随着气温的持续攀升动物和植物的栖息地被破坏，并且已经有一些个体物种向北方（极地区域）迁移或者向山脉更高海拔处迁移的记录。动植物的迁徙模式同样也会受到影响，例如白鲸、蝴蝶和北极熊就有这样的记录（图 1.1）。在一些区域，春天来得更早了，影响了鸟类迁徙及鱼类洄游、产卵和叶片伸展的时间以及农业春耕时间。事实上，对获取的北半球卫星影像分析表明，1980 年以来植物生长季正在稳定增加。

图 1.1　由于全球变暖的影响，地球温度正在逐步升高，适应更低温度的种群将不得不试图迁移到更凉爽的区域。在全球范围内，它们将迁移到更接近极地的区域，或在同一个区域范围内，向更高海拔的山地迁移（Nature's Images）

尽管在多数情况下物种对其经历过的变化的环境都能适应，但 IPCC 气候变化专家们还是警觉地看待现有的环境变化速度。他们充分预测了在下一世纪或更久远的时间里，这些变化的幅度将会随着时间的增加而增加。令人担忧的是，很多物种和生态系统将不能快速适应全球变暖所导致的环境的改变。此外，其他的干扰如洪水、虫害、疾病扩散、野火及干旱等也将发生。以上任何一种额外的挑战都足以摧毁一个种群或生境。尤其值得注意的是，高山和两极的物种在气候变化影响下显得特别脆弱，因为其他物种向北（两极区域）迁移或者向山地更高的区域迁移后，高山和两极物种的栖息地将缩小，这导致它们无处可逃。

基于如此大量的证据，大多数科学家不再怀疑全球变暖的真实性，也不再质疑人类需要对此负责的事实。我们只需要抬头看看人口聚集和工业中心区域的空气质量就能了解人类对环境造成了多大的影响。

根据工业革命开始之前的气温记录，现在大气中的二氧化碳(CO_2)浓度(现存量最多的温室气体)比工业革命之前的浓度增加了30%(图1.2)。这些浓度比之前不仅高出很多，而且逐年增加。根据IPCC的预测，在现有状况下，到2100年，预计平均温度将增加1.1～6.4℃，这个增幅要比50年前预测的高出了50%。即使在IPCC预测的气温范围的低端，风暴也会更加频繁和猛烈，干旱也会更加严重，海岸带将会遭受因冰川和冰帽消融而导致的海平面上升所带来的洪水袭击。全球生态系统平衡在这些干扰下足以被打破而最终改变。如果气温升高最终到达预测的高端，全球生态系统将遭受毁灭性的破坏。

图1.2　在全球主要城市中，可观察到的人为造成大气中CO_2增加导致的效应之一是大气污染，也被称为污雾(smog)。这张照片显示的是全球第二大城市墨西哥城，目前拥有18 131 000人口(Nancy A. Marley, Argonne National Laboratory)

海平面上升到足够的高度将可能影响所有低海拔的海岛，例如马尔代夫，可能会完全消失，其他地区如尼罗河三角洲以及美国东南沿海的大部分区域(佛罗里达州、路易斯安那州和密西西比州)将变得完全不适宜居住。气候带将发生变化，这会完全扰乱现有的土地利用实践。例如，现在美国大平原的农业区域(内布拉斯加州、俄克拉何马州和堪萨斯州)将向加拿大移动，美国的南部区域将变得更像中美洲或南美洲。西伯利亚也将不再是一个常年冰封、荒无人烟的区域。非洲的部分地区会变为干燥荒芜的不毛之地。这种情况一旦发生，将会对农业生产造成极其严重的影响。目前适合于农业生产的区域在未来可能会变得不再适合，而在未来气候条件下能进行农业生产的区域又不可能获得财政支持或者缺乏合适的土壤。这些扰动的连锁反应将波及全球。数百万人口将被迫迁移到他们能够生存的新区域。

全球变暖也会影响公共健康。海平面升高，海水入侵并污染淡水资源；更多与热相关的疾病及死亡将会发生；传播疾病的啮齿类动物及害虫，如老鼠、蚊子、扁虱等，将肆意传播诸如疟疾、脑炎、莱姆病以及登革热等疾病。

来自IPCC的科学家们一致同意这些剧烈变化中最为严峻的一点就是它发生得实在太快了，这些变化正以比地球在过去一亿年所经历的还要快的速度发生着。即使人类能够适应这种变化并转移到一个新的区域去生存，动物和它们息息相关的生态系统却不能。人们今天所做的选择和采取的行动将决定其他生命及其生态系统明天的命运。

1.2 科学发现

为了了解气候趋势及活动，我们首先要研究地球过去的气候历史。全球温度的书面记录是从1867年开始的。在那以前，一致和可靠的数据并不是直接获取的，只能间接从类似冰芯、树木年轮及珊瑚等来源获得。

一旦过去的证据被整合到一起，气候学家们就能利用这些数据确定气候变化的成因并试着做出预测，以期获得近期、中期及长期的结果。一旦气候状况的具体贡献因素被确定，这些信息将被输入到强大的计算机程序中去模拟地球气候系统——这是我们已知的最复杂的系统之一。一般情况下，同时运行几个不同版本的模型可获得一个预测范围，这也是为什么未来温度升高的估算通常是一个范围值的原因。

气候变化的问题总是归结为一个关键问题：人类是否牵涉其中，如果是，那到底牵涉多少？气候模型需要考虑地球大洋和大气圈之间的相互作用，科学家能够改进这个模型，将人类对气候影响的具体组分加入其中，这是能够准确反映现实状况的唯一途径。这些人类足迹，正如其名，是一些人类活动如燃烧化石燃料、破坏森林、改变土地利用模式等的结果。这些活动正导致CO_2在大气中加速累积。在大气中的CO_2如同隔热体，它的累积将导致海洋、大气以及地表温度上升。这些温度升高得很严重，以致科学家只有在气候模型中考虑这些高温，才能实现对现实地球环境进行更好的模拟。

从IPCC成立以来的近20年时间里公布的资料来看，2007年所发布的报告是我们认识到全球变暖对目前及将来人类的严重影响最有力且最具决定性的表述。美国国家航空与航天局（NASA）戈达德太空研究所（Goddard Institute for Space Studies，GISS）的James E. Hansen博士所发布的一份报告中提到，近几十年来全球变暖已经将全球温度提升到过去一千年的最高水平（图1.3），而且21世纪基于《京都议定书》签署的减排任务其贡献可能微乎其微。此外，这份报告还声明“签署《京都议定书》的30个工业化国家（thirty Kyotos）”可能需要将全球升温速度降低至可接受的范围。全球变暖已经造成非常多的破坏，而且现在没有办法来阻止全球变暖的影响。已经释放到大气中的 CO_2 将在未来的几十年继续使地球升温。不过，我们今天果断采取的行动可以减缓升温速度。

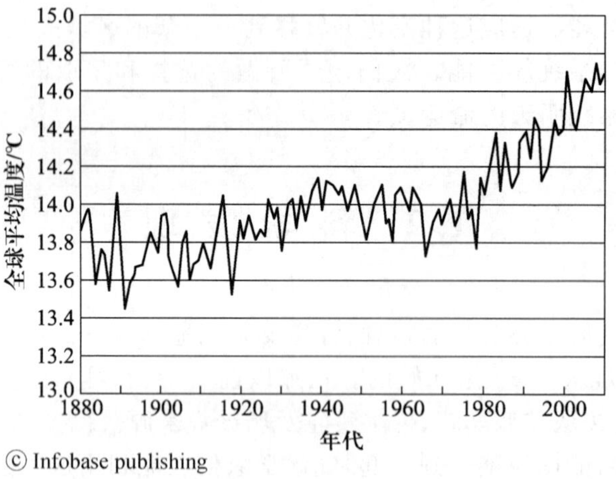

图 1.3 这张图描绘了在 1880—2007 年间记录的全球平均温度。尽管年际间存在个别下降和尖峰，但气温随时间上升的整体趋势非常明显(NASA, GISS)

根据 IPCC 的报告，1998—2007 年是有记录以来最热的十年，到 2007 年底全球平均温度估计比 1961—1990 年间的年平均温度(14℃)要高 0.41℃。除了显著的气温增加以外，2007 年还刷新了北冰洋最低冰层厚度的纪录。事实上，北冰洋的冰融化达到一定程度会使得西北航道无冰层覆盖，并且有史以来第一次可以通行船只。

美国国家气候数据中心(National Climatic Data Center，NCDC)在 2006 年的报告中表明"在过去的一个世纪，全球地表温度以每十年近 0.06℃的速度增加，但是在过去的 25～30 年间这个趋势增加到约为每十年 0.18℃"。此外，2007 年 12 月 13 日 NCDC 发表的《2007 年气候初步年度报告》(Preliminary Annual Report on the Climate of 2007)中，阐明了如下观点：

(1) 2007 年综合陆地和海洋表面的全球平均气温预计为 14.4℃，这将是自 1880 年有记录以来第五个最热的年份；

(2) 2007 年即将成为自 1895 年有国家记录以来美国大陆最热的十年之一。

这些发现都是基于在全球范围内采集到的海量数据。2007 年 2 月 2 日，IPCC 第四次评估报告的第一卷表明"这些记录不仅显示出过去 50 年陆地温度的增加趋势，还表明了全球海洋温度的升高趋势"。这是相当明显的，因为这些"逐渐变暖"的海洋数据使科学家们确信，升温并不仅仅发生在那些有工业、交通和住宅区所释放的大量热量的城市周围的陆地上。

NCDC 的研究还表明，这一阶段的全球变暖在美国大陆也是相当显著的。它表明 2006 年的平均气温是有记录以来最热的一年，几乎与创纪录最热的 1998 年的温度持平。NCDC 收集了贯穿整个美国历史气候数据网(Historical Climatology Network, HCN)的超过 1 200 个密集站点的所有数据。收集数据时，如果数据采集点位于城市，由城市造成的人为热效应(也被称做城市热岛效应)要被去除，以保证靠近城市的数据收集也是无偏差的。

在 2007 年之前，IPCC 的观点和结论还是相当保守的(部分是因为这些数据要被委员会中的 2 500 多名科学家认可)。直到 2007 年的评估中才总结称"气候系统的变暖是毋庸置疑的"。

IPCC 总结到"自 1750 年(工业革命开始)以来人类活动的全球平均净效应是造成地球气候系统变暖的原因之一，这具有非常高的可信度(至少 90%的正确率)"。

1.3 观察到的和预期的对生态系统的影响

一些科学家已经确认的实物证据显示全球变暖已经开始并影响着地球上的所有生态系统。通过监测生态环境的健康状况，科学家们可以发现气候变化对组成生态系统各个成分的影响。因为生态系统是生命物质及其周围自然环境紧密结合的系统，一旦一个成分被影响，连锁效应便开始了，最终会危及整个生态系统。

1.3.1 极地和与冰相关的变化

在地球所有的生态系统中，极地受气候变化的影响预计要比其他任何地方都要迅速和严重。如果冰雪都消融了，这将极大改变环境的反照率(albedo)。由于更灰暗的表面增多，更多太阳光被吸收，会快速加热地表和大气。此外，世界广布物种将在逐渐变暖的气温下持续往北方迁移，那些广袤的雪原将被茂密的植被所覆盖，这也会降低地表反照率。

根据 IPCC 的报道，北极的年平均气温在过去一个世纪升高了 1 ℃，约相当于全球平均水平的两倍。在过去的一个世纪，冬季气温升高了 2 ℃。这种变暖的影响可以从海面冰层的厚度和覆盖面积的减少，永冻层的融化以及冬天海面结冰推迟和解冻提前等略见一斑。世界上的冰川也在消融。除澳大利亚外，全球各大洲都有冰川存在，并且覆盖从热带到极地所有纬度区域。广泛的证据表明世界上很多区域的冰川正在消退。

由于极地海冰每年破裂得更早了，北极熊和海象已经遭受苦难。它们生存和繁殖的地方正在消失，它们的领域不复存在，死神正在向它们逼近。之前的破裂同样影响了北方土著居民的打猎习惯和生活方式，迫使很多人一生将放弃那些丰富多彩的传统文化而移居他乡。

1.3.2 火灾和干旱

地球上的大多数区域，夜间比白天升温更多。实际上，从1950年开始，陆地最低温度迅速升高。高温的增加致使袭击城市区域的热浪次数增加，也将导致更多与热相关的疾病与死亡发生。

全球变暖通过增加蒸发而增强水循环。蒸发速率越高，越多的土壤变得干旱，植被变得干枯。由于温度升高和植被变干，该地区将变得更为干旱，在这种情况下，野火也将变得更为普遍。2007年的夏天和秋天，加利福尼亚就发生了这样的情况。在这场惨剧中，从圣巴巴拉市到美国与墨西哥的边界超过2 000 km^2的大地被大火笼罩，近100人受伤，9人死亡，还有1 500间房屋被毁。野火迫使26.5万居民逃离家园。同样巨大的火灾也发生在2008年，导致了财产、居住地和生命的巨大损失。详细情况见 http://www.frescope.org/fres.htm。

1.3.3 生物学变化

全球变暖也同时影响了疾病的发生和传播。如果病原体快速传播，大量人口将极易受到感染。更高的温度及更多的降水将助长病原体从啮齿类动物和昆虫身上传播至更广的区域。世界上不发达国家预计受到的影响最大。

冰川和冰帽的消融导致海平面上升，这使得珊瑚失去它们获取营养所需的共生水藻。正是这些藻类的存在才使得珊瑚具备如此漂亮和充满生机的颜色。如果藻类死亡，珊瑚将会变白，这一过程称为白化。仅比正常夏天气温水平高1℃且持续两三天的条件下，这种情况就会发生。在1998年——有记录以来最热的年份之一，全球的珊瑚遭受了有史以来最大范围的白化。位于印度洋、红海、太平洋、波斯湾、地中海和加勒比海的60个国家和岛国都报道了珊瑚白化的情况。

植被和动物种群常在气候条件（气温、降水、土壤条件、湿度和气流）适宜它们生存的地方活动。一旦这些条件中的任何一个发生变化，如全球变暖所导致的一些情况发生，物种将尝试迁移。它们是否能成功迁移取决于以下几个因素：气候条件一变化速率、适合生境的有效性、通往适合生境的路径以及迁移过程中对捕食者的躲避。如果其中任何一个条件出错，这些物种将受到威胁(threatened)，甚至面临濒危(endangered)或者灭绝(extinct)的危险。

NASA基于过去20年卫星影像所收集到的数据研究发现，位于北美和欧亚大陆的区域具有更长的生长季，这一现象与大气中温室气体的增加有关。在数据收集过程中，NASA 的科学家注意到树叶在春季出现以及秋季凋落的时间上有显著变化。通过监控叶子变绿，NASA 的科学家们断定位于欧亚大陆的植被生长季比 20 年前整整延长了 18 天。相比以前，如今的春天提前一周到来，而秋天则推迟 10 天。

1.3.4 物理变化

全球平均地表温度的升高导致地球上很多地方的春天更早到来，这也导致了中高纬度地区生长季变长。例如，在美国东北部，无霜期比 20 世纪 50 年代提早了近 11 天。这种影响遍及各处，如树叶更早发芽且存活更久，野生动物的繁殖和迁移模式同样也受到影响。

随着全球气温的攀升，水循环也更加剧烈，产生了一些更剧烈的现象如洪水、山体滑坡及侵蚀等。最危险的区域是中高纬度地区。一些北半球的极地区域已经出现了这样的趋势。根据 NCDC 的 P. Y. Groisman 和 D. R. Easterling 的研究，在过去的数十年中，加拿大北部的降雪量增加了 20%，而阿拉斯加则增加了 11%。

在中国也观察到了降雪的增加。根据 NCDC 的 T. R. Karl 和 R. W. Knight 对美国过去一个世纪的观察研究表明，极端天气事件（在 24 h 内降水量高于 5 cm）增加了 20%，日本和澳大利亚东北部同样也出现了暴雨增加的趋势。

利用遍及世界各地的潮位站数据可研究平均海平面的变化。20 世纪全球平均海平面升高了 10～25 cm，平均升高 18 cm。这个速度比过去几千年的平均速度要快得多。尽管无法确定在 21 世纪海平面会升高多少，IPCC 仍预测上升速度将至少是刚过去的 20 世纪的 2～4 倍。这里对速度预测的不确定性是因为南极洲和格陵兰冰层的状态在此刻还无法确定。如果它们消融的速度增加，未来海平面上升速度很有可能在预测区间的高端。海平面升高，海岸带的洪水还受风和气压模式、大洋环流以及海岸带特征，例如是否有海岸带湿地、沙滩、岛屿或者其他能够作为屏障的结构等的控制。

为什么区区几度温度变化如此重要？

当科学家们预测地球的大气会因为全球变暖而变得更热时，一些人以为会听到气温将升高 10 ℃、20 ℃或者 30 ℃。他们设想自己坐在一个炎热的蒸汽桑拿室里，慢慢融化。所以，当气候学家预测气温将升高 1.1～6.4 ℃时，他们不禁要问，全球变暖有什么大不了的，它只是升高了这么几度，不是吗？

错！

这个问题需要这么来看：在最近的冰期，那时的地球只比现在凉爽4～6℃。尽管看起来并不多，但是正是这几度使得地球表面大面积被厚厚的冰层所覆盖。也正是这几度对生态系统造成了巨大影响，使得一些动物物种灭绝。

因此，尽管区区几度温度看起来微不足道，但是地球气候如此敏感以至于几度之差就会发生天翻地覆的变化。科学家们已经证实了气温正在升高，这使得人们在现在或者未来都无法忽视它的存在。如果人们对全球变暖及其对全球生态系统的影响了解得更多，那么他们就能够而且必须采取更多的措施来减缓这种变化。人类社会已经发展到了这一地步，即避免全球变暖不再是一个选项，而是每个人都应当学习如何减缓它、适应它，并且每个人都应该意识到他们所做的一切都对这个问题的解决至关重要。

现在是该采取行动的时候了，而且每个人都能做出贡献。关键在于理解以下几点：

- 全球变暖不可能完全避免，因为它已经在进行中；
- 北半球预计会比南半球增温更多；
- 全球变暖已经对生态系统产生了一些影响，如群落、森林、海冰、永久冻土以及野生生物栖息地；
- 气候的一些波动是正常的，但现在的气温变化以及温度升高问题主要还是由人类自己造成的；
- 因为是人类使得温室气体加速向大气排放，所以有一些措施可有助于减缓气候变化，如利用可再生能源、保护珍稀的自然资源及其他环境友好决策。

因此，尽管区区几度看起来微不足道，但是它已足以成为牵一发而动全身的重要临界点，将会对气候产生极大影响，一旦发生则会产生全球性的连锁反应。

1.4 全球变暖对生态系统产生的后果

来自英国利兹大学的保护生物学家Chris Thomas做了有关全球变暖对世界生态系统影响的研究，他指出："现在，气候变化至少已经给地球上的现存物种数带来了严重威胁，而这种威胁是通过对动植物生境的破坏和改变造成的。"Thomas与来自世界各地的18位科学家一起完成了这个领域中规模最大的研究。

他们的研究结果表明:“至 2050 年,温度上升将因人类活动,如化石燃料燃烧所产生的温室气体的输入而变得更加严重,地球陆地上将有 100 多万种植物和动物遭受灭绝。”

研究小组从跨越澳大利亚到南非的全球六个生物多样性非常丰富的地区中,收集了物种分布及区域气候的地面数据,并将信息输入计算机的气候模型中。采用这些计算机模型的目的是模拟单个物种对温度和气候变化做出响应后迁移的方向和距离。当所有成员收集完各自的数据后,数据就会被整合到模型中以便了解在全球概念下的情形。

经过这个模型的仔细估算,确定在预期的全球变暖速率下,到 2050 年,所研究的 1 103 个物种中的 15%~37%(165~408 个物种)将有灭绝的危险。如果研究区扩展到整个地球,研究人员估计,到 2050 年世界上将有 100 多万物种开始面临灭绝。

来自华盛顿的保护国际基金会(Conservation International,CI)的合作者 Lee Hannah 说:“这项研究明确表明气候变化是最大的、新的灭绝威胁。”

来自南非开普敦的国家植物学研究所(National Botanical Institute)的合作者 Guy Midgley 指出:“我们发现,在某些情况下再也没有任何气候适宜的地方适合这些物种生存,而在另外一些情况下,它们永远无法到达具有适宜气候的遥远区域。其余物种预计则会生活在面积大幅缩减的区域,而在这些区域,它们可能面临其他一些威胁。”

来自利兹大学的合作者 Alison Cameron 说:“通过观察所有 1 103 个物种对气候变化的响应范围,明显发现在我们可以精确预测那些动物和植物种类面临最大危险之前,我们有很多工作需要去做。这些响应的范围表明物种不可能以整个生态群落的方式一起迁移,而我们今天所熟知的典型的自然群落在未来的条件下很可能不复存在。现在仍无法预测未来它们将被什么所取代。”

根据 Chris Thomas 的研究,几乎所有对未来气候的推测都预计,在 2050 年到 2100 年期间,气候将变得更加炎热,物种灭绝的数量会变得更多。即使我们只预测了到 2100 年的气候状况,我们可以想象在那之后气温仍将继续攀升,而且天气还会越来越热。这些研究者认为现在就采取行动来减缓全球变暖,对确保将气候变化遏制在预测范围的低值十分重要,这可避免“灾难性的灭绝”。

Thomas 还表示,因为气候变化和最后一个个体死亡存在时间差,所以快速减少温室气体排放可能使得一些物种幸存下来。还有一点必须明确的是,尽管一些物种可以成功迁移到一个新的区域,但是一些生存在高山或者极地生态系统的植物和动物物种将无法向前迁移以躲避升高的温度。同样的道理,珊瑚礁系统也不可能自己寻找并移动到一个新的区域。为了生存,长时间建立起来的群落将留守在它们的位置。

哥斯达黎加大学的生物学家 Robert Puschendorf 认为这些估计"可能是乐观的"。全球变暖与其他因素，诸如生境破坏、入侵种增加、环境中 CO_2 累积等交互作用，可能导致 100 多万物种面临灭绝的危险。

与 Chris Thomas 的研究相关，牛津大学的 Richard J. Ladle 等人在《自然》(*Nature*)杂志上发表了一篇题为《狼来了——危险的生物灭绝风险》(*Dangers of Crying Wolf Over Risk of Extinctions*)的文章，提出了一个对所有科学调查都非常重要的问题。它提醒科学界需要"学会处理越来越危言耸听的大众媒体"。他们警告，政策制定者必须了解"有条理的科学知识的评估，而不是商业驱动的媒体做出的流行观点。对合理客观性的背离会冒着损害公众对自然科学信任的风险，反而会给反环境论者以可乘之机，因此科学家和新闻记者都需背负同样的责任，确保公正和准确地报道他们的工作"。

Ladle 的文章称，大部分的媒体错误地聚焦于 100 多万物种将在 2050 年灭绝这一观点，而事实上这项研究只是推断灭绝最终将会发生，而不是在接下来的 50 年内发生。Ladle 等认为，在引证 Thomas 的 29 篇文章中，有 21 篇将信息误传给公众，即推断这些物种将在 2050 年灭绝。

他们主要担心的是一些媒体或者个人，通过不明确的陈述，会不自觉地增加公众对全球变暖以及生物多样性丧失问题的"审美疲劳"，最终将变得漠不关心。他们最终希望传达的信息是，诸如 Chris Thomas 等人开展了有价值的研究，且获得了研究结果。为了获得对科学社团、政策制定者以及普通公众的最好宣传效果，报道和发布信息时千万不要危言耸听或者歪曲事实。否则将会损害信息的真实性，甚至可能造成更多的危害。

由于全球变暖的作用，植物和动物种都岌岌可危。根据世界自然基金会(World Wild Fund for Nature, WWF)的研究，作为全球变暖的直接后果，哥斯达黎加的金蟾蜍(*Bufo periglenes*)和多色斑蟾(*Atelopus varius*)已经完全消失。随着一个生态系统不同组分的变化，全球变暖能够通过多种方式改变自然平衡。例如，它能够通过使春天提前一周或两周到来而扰乱一个物种。长久以来，动物和它们的食物之间已经达到了精妙的平衡。如果某动物依赖于某特定的食物，但是全球变暖已经使得这个植物的生长周期早于该动物对这个植物的需求时间，即食物不再是在动物需要它的时候出现，那么这将对这个动物产生直接的消极影响，这个动物的健康以及生存就可能受到威胁。此外，这将导致食物链中的连锁反应，不止对一个物种产生影响。

其中一个例子就是春天比以往来得更早。早早孵化出的鸟类在其哺育期内可能找不到蠕虫和害虫，从而雏鸟的生存受到影响。根据 WWF 的研究，将气候记录与开花和筑巢时间的长期记录相比较，显示两者之间差别显著变大，这正是全球变暖的一种趋势。在英国，自 1736 年开始就对开花时间和树叶开始生长的时间进行了记录，这为气候有关的季节变化提供了确凿证据。鸟类繁殖提前，春季迁徙提前以及秋季离开推迟的长期趋势同样在北美也有记录。迁徙模式的改变在欧洲也有类似的记录。

另外，WWF记录了目前气候变化和全球变暖正在通过各种方式影响物种的情况。动物和植物需要迁移至北方或者更高海拔的高山生态系统以找到更凉爽的生活环境，这已经在世界上许多地方被观测到。在欧洲的阿尔卑斯山，澳大利亚的昆士兰州，以及哥斯达黎加的热带雨林正发生着这一变化。有记录表明北海(North Sea)的鱼类正在北迁，过去生长在英格兰康沃尔(Cornwall)的鱼类种群最远已经向北迁移到设得兰(Shetland)群岛和奥克尼(Orkney)群岛。WWF的全球变暖专家们确信，基于这些证据，“全球变暖对物种的影响如此明显，以至于它们的迁徙可作为全球日益变暖的一个指示器。它们是这场地球所遭受的快速变化的沉默见证者。”

事实上，这些科学家相信在不久的将来，全球变暖可导致动物灭绝，这是因为加速的全球变暖所导致的升温对地球上很多精妙的生态系统会造成严重影响，包括陆地及其上面生存的物种。由于全球变暖的效应，全球已有很多物种和生境被证实正在受到威胁和濒危(threatened and endangered)(表1.1，表1.2)。这些物种和生境可从表中找到，并且将在本书接下来的章节中展开详细讨论。

表1.1 受全球变暖威胁及濒危的物种

北极熊	海龟
北大西洋露脊鲸	大熊猫
海龟(多种龟类种群)	鼠兔
多种鸟类(山地、岛屿、湿地、北极圈、南极圈、海鸟、候鸟)	湿地动植物
雪枭	盐沼湿地动植物
山地大猩猩(非洲)	云雾林两栖动物
安第斯山脉眼镜熊	孟加拉虎

表1.2 受全球变暖威胁及濒危的生境

珊瑚礁	山地生态系统
海岸带湿地	草原湿地
红树林	冰川时代生态系统
永冻土生态系统	

生态系统受到全球变化的影响，可达到不可逆转的程度，而物种或者适应

之，或者面临灭绝。从现在开始重视全球变暖的问题并采取行动还不晚。本书接下来的章节将阐述为什么现在是开始做出积极行动的最佳时机。

（沈琦、赵斌、郭海强 译）

第2章

生态系统、适应与灭绝

本章将介绍生态系统的概念，即生态系统是什么，为什么会在那里存在，它们如何行使功能，什么会影响到它们，以及哪些类型的活动能迫使其发生变化。同时，本章还将介绍生物多样性(biodiversity)的概念，并解释这个概念为什么如此重要。之后，本章将探讨全球变暖问题以及其现在是如何影响世界各地不同动植物种类的，如果全球变暖持续并难以得到有效抑制，那么又将发生什么。接着，本章会探讨关键生境保护问题，以及土地利用方式变化如何对生态系统和全球变暖困境造成巨大影响。对于现在及将来的土地管理者而言，理解生态系统健康与全球变暖之间的因果关系十分重要。

2.1 生物多样性与生态系统

多样性意味着差异的存在。一个多样化的生境由许多不同物种组成。对生境而言，拥有宽泛多样的生命形式是有利的，因为如果一个物种灭绝，会有其他物种适应并存活，从而维系生境的存在。生物多样性描述了地球上生命形式的多样化，它包括地球上存在的所有动物、植物及微生物的多样性，全部物种具有的遗传多样性，及它们所生存的生态系统的多样性。生态系统代表从生态学角度研究的系统。生物多样性存在于以下三个水平之中：

- 物种多样性：是指在整个地球或者地球某个特定区域，那些能够繁育具有生育能力的后代的各种动物、植物及微生物。
- 遗传多样性：是指同一物种内及不同物种间的各种遗传性状。一个有关人类遗传多样性的例子是人眼睛颜色的差异。
- 生态系统多样性：是指某一区域、某块大陆或整个地球上的各种自然系统。比如，山地、草原和湿地就是三种不同类型的生态系统。

在每个生态系统内，都存在大小不同的生境。生境是一个空间，在里面一个种群和其他生物共同组成一个群落生活在一起，并与其周围的非生命环境发生相互作用，形成一个生态系统。大多数动物只能适应一种或两种生境。例如，我们能在温带森林或高山区域看到熊的出没，但是绝不会在沙漠或者湿地看到熊；再比如咸水鱼类鲨鱼，不可能在淡水湖中生存。一些动物在春季和秋季迁移，是为了寻找仍拥有丰富食物资源且更温暖的生境。例如座头鲸在夏天迁移到北极，在冬天则迁移到夏威夷，很多鸟类也是如此。

生境必须提供有机体生存所需的条件，如食物、水、适宜的温度、氧气和矿物质等。如果一个种群的需求得不到满足，它们会迁往一个更适宜的生境。然而两类不同的种群不能同时占据同一个生态位(niche)，否则它们就会相互争夺以求生存。正因为如此，才产生了竞争、捕食、合作和共生(symbiosis)这些关系。

生境是很多物种自然生存的地方。数十亿的各种有机体共同生活在同一个生境中。一些有机体，如微生物，它们个体很小，只能通过显微镜才能观察到其存在。而其他一些有机体，如鲸、马和长颈鹿，个体则很大。所有物种都发挥着独特而又重要的作用，使生境成为适合生存的健康区域。

有几个理由可说明生物多样性对生境是十分重要的。不同种群占据食物链的不同位置，而食物链中的某一环一旦缺失，就会扰乱并最终摧毁生境的生态平衡。

从有生命存在开始，地球上的生物多样性就处于持续变化过程中。周期性的自然事件，如流星撞击、火山爆发、冰川形成、气候变化、干旱、火灾和洪灾都曾经干扰生态系统，导致物种减少或灭绝，从而降低生物多样性。

全球变暖正在对生态系统产生重大影响的原因在于，如果一个物种不能适应或不能幸存于全球变暖所带来的变化，这个物种将会灭绝。一旦某种动物离开了食物链，那么整个食物链都会受影响，因为其他物种不仅要努力适应更高的温度，还要适应全球变暖所带来的其他物理和化学效应。变暖的环境能同时影响食物网中的动物区系和植物区系(图2.1)。

一个生境，不管是种内还是种间的生物多样性程度越高，其生存的机会就越大。如果某些物种消失了，生物多样性高的生境因为仍有许多物种存在从而会有很大的生存机会。这正是为什么生物学家们常基于生物多样性来评价生境的健康程度的原因。

皮尤全球气候变化中心(Pew Center on the Global Climate Change)的科学家们认为，作为全球变暖过程的结果，以下三种主要的生态系统变化将会发生：

(1) 植被类型的地理分布变化；

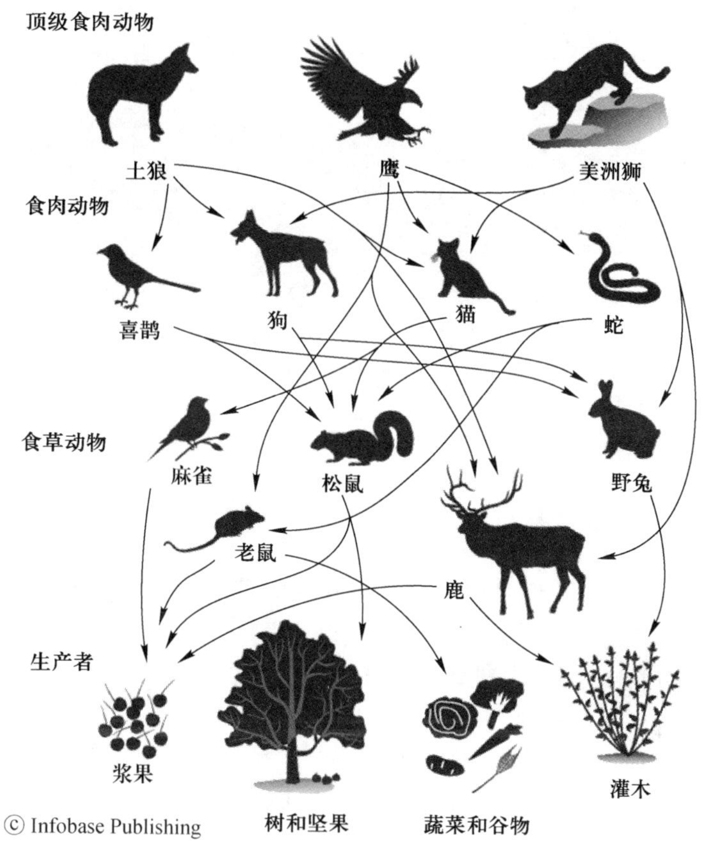

图 2.1 一张典型的北美地区食物网

(2) 生态系统过程变化,比如生产力;

(3) 单个物种的分布及丰度变化。

对下一个世纪全球变暖效应的主要担心之一是对大自然产生的副作用:由于气候胁迫、升温及干旱,地球上很多森林将退缩;因海平面上升,很多脆弱的湿地将消失;很多人类赖以生存的植被(比如新英格兰地区的糖槭)也将消失。在持续变暖的趋势下,这些植物到 21 世纪末就可能灭绝。

气候带预期会在全球范围内发生转换(图 2.2)。气候带的转换将会对生物多样性造成毁灭性的打击。一般自然变化是在很长时间范围内缓慢发生的,各物种有更多的机会去寻找、发现和适应新的生境,所以这样一个自然发生的过程在过去需要数千年乃至更长的时间。然而随着全球变暖,没有充足的时间留给物种,物种必须能够更快地适应,但是它们做不到。

除了升温环境所产生的压力外,景观还承受由于人类活动所带来的土地利

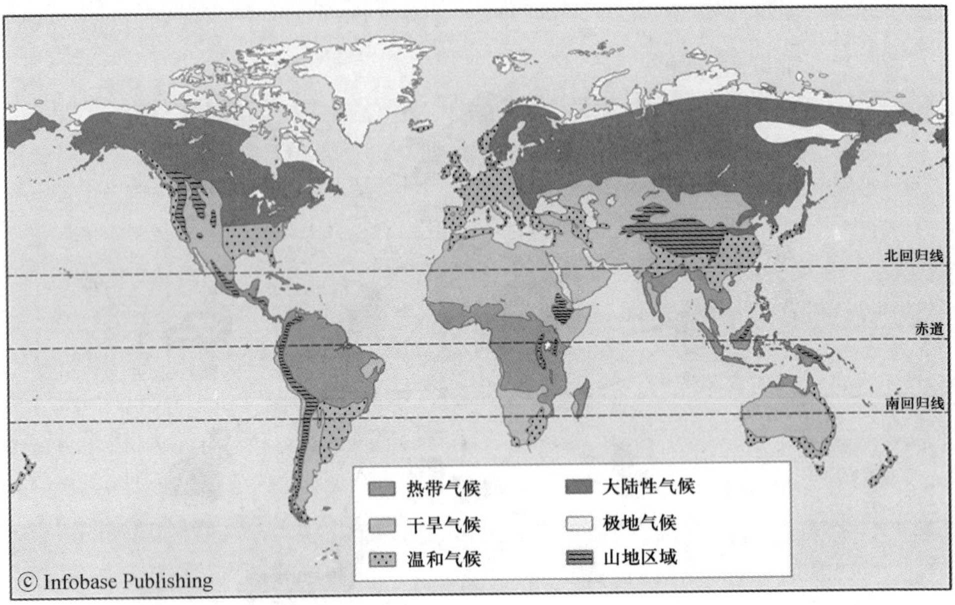

图 2.2 地球可以根据温度、湿度和气流划分为不同的气候带

用方式变化所导致的压力，而这威胁着许多物种的健康与生存。这些人类活动所带来的压力，与全球变暖一起，造成了自然生境与野生生物的巨大损失，比如生活于孟加拉国和印度孙德尔本斯（Sundarbans）区域的孟加拉虎。因为在全球变暖的影响下，海平面持续上升，各种盐度的海水正在污染着这里的淡水资源，这些区域的生境正在丧失。

地球上有多种类型的生态系统（图 2.3），每种生态系统都有其独有的特征。描述环境的指标，如温度和降雨，经常被用来对生境进行分类。那些具有相似气候和植被状况的生境被称作生态系统。在世界不同区域，同样类型的生态系统可能拥有不同的物种，但是相似的生活型总是可以找到。比如，无论温带森林位于什么地方，松树都是其中的优势种。地球上的生态系统可以通过好几种方式来划分，可包括以下种类：

- 荒漠
- 冻原及极地
- 北方针叶林（也被称做泰加林）
- 温带草原
- 温带森林
- 萨瓦纳（热带稀树草原）
- 热带雨林
- 山区

· 水生环境

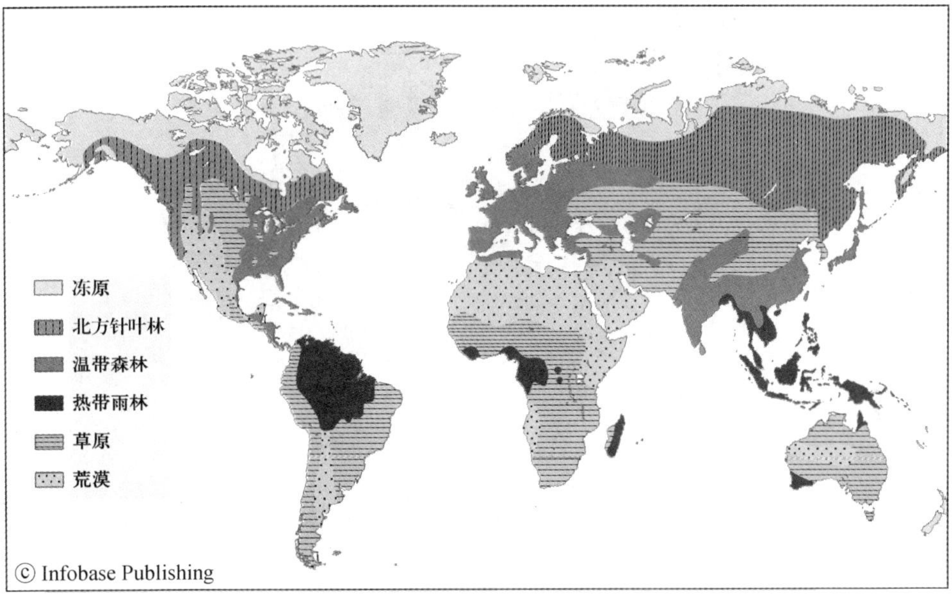

图 2.3 世界主要生态系统类型

这些生态系统包括了植物、动物和微生物之间的动态相互作用，它们与其生存环境共同构成一个功能单元(图 2.4)。

正如图 2.5 所展示的那样，生态系统可在不同水平上存在，某些生态系统可嵌套在更大的生态系统中。在地球生命史中，生态系统多次发生变化和移动。对生态系统而言，目前全球变暖是它们所面临的最严峻威胁之一。下文总结了地球上主要生物群系的特征，但是随着全球变暖持续增加大气温度，改变自然环境，这些生物群系的典型特征正在发生改变。随着时间的延续，这些变化将变得不可逆。

2.1.1 荒漠

荒漠占据了超过 1/3 的地球陆地面积。它们是地球上一些最干旱的地区，这些地区可能非常寒冷也可能非常炎热。赤道地区上升的空气在南北纬20°～30°之间下沉，下沉的空气致使这一带地区干旱少雨，因而造成北非大沙漠、北美西南部沙漠、中东沙漠和澳洲沙漠。荒漠的温度可以攀升至 50 ℃，而一些寒冷的荒漠，其温度也可跌至－20℃。这里降雨量少，蒸发快。尽管荒漠环境恶劣，但仍为许多动物提供了栖息的家园。

生活在沙漠中植物和动物必须能够适应这种极端状况，从而产生了高度特

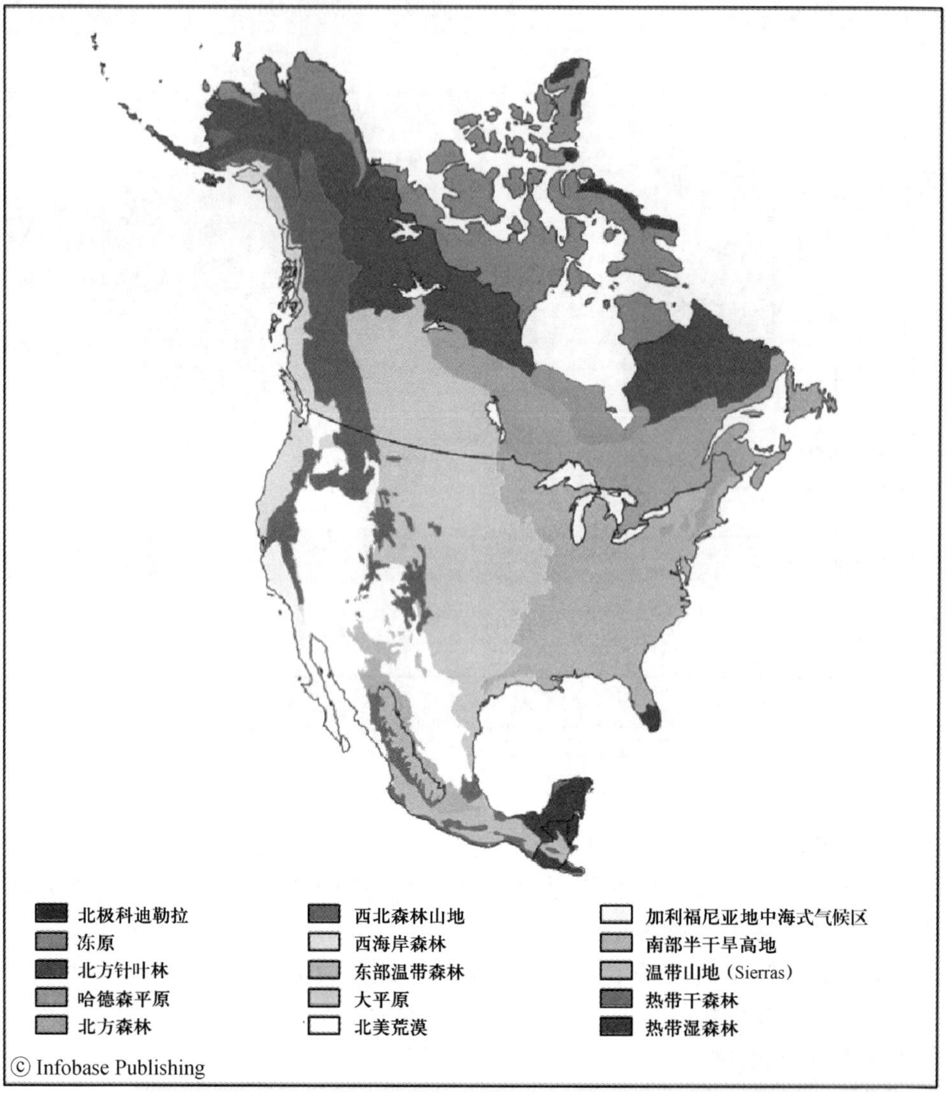

图 2.4 北美的生态区域

化的植被(干旱耐受型)和动物(包括脊椎动物和无脊椎动物)。荒漠土壤一般富含无机营养,因此动植物只需要水分就可具有生产力;但荒漠土壤中很少甚至没有有机质。虽然栖居在沙漠生态系统中的大型动物并不多见(因为它们不能储存足够多的水分来忍受常年干旱),但是沙漠中爬行动物很多。生活在沙漠中的哺乳动物一般体形都很小。

因为所有的荒漠都比较干燥,所以其温度有显著的日变化。在白天,由于只有很低的空气湿度来阻挡太阳电磁辐射能抵达地球表面,温度很高。然而一

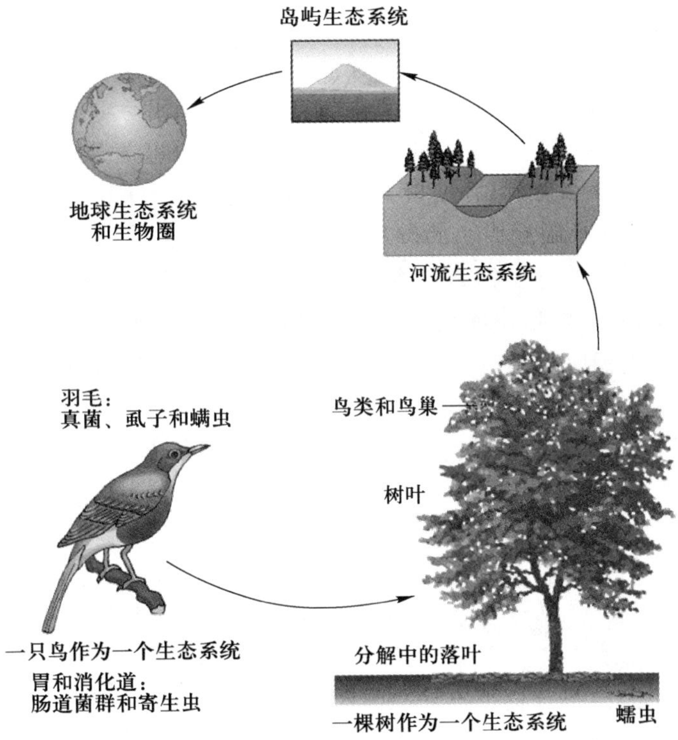

ⓒ Infobase Publishing

图 2.5 嵌套生态系统概念。生态系统的大小多样，从一块广袤的土地到一只鸟

旦太阳下山，白天所吸收的热量快速地释放到大气中，使得荒漠地区气温在夜间会下降很多。

2.1.2 冻原与极地

南、北高纬度区域的典型特征是拥有漫长而黑暗的冬季，这里是最寒冷的生物群系。由于这个区域位于地球的两极，太阳永远不会升到高于地平线。在被冰层覆盖的北极之外，则是能支持较多生命的冻原地带。在北极和近北极的区域，约有 1 700 种植物。每年夏季，在短暂的生长季期间出现的植物，会吸引许多鸟类和其他动物的到来。

冻原覆盖了约 1/5 的陆地表面。因为其过于寒冷（冬季能达到－46℃），树木不能生长，因此冻原是一个由低矮的植物和野花组成的生态系统，外观就像被冻结的草甸。

在冻原短暂的夏天，昆虫从曾被冻结在表层土壤里的卵中孵化出来，为成千上万的迁徙鸟类，如老鹰、乌鸦和雷鸟提供食物。冻原也为北美驯鹿、貂、鼬鼠、北极野兔、狼、狼獾、驯鹿和棕熊提供栖息地，北极熊、海象和北极狐则栖息于极地的浮冰和海岸带。

2.1.3 北方针叶林

北方针叶林，也被称做泰加林，是一种极其巨大的生物群系，在北半球横跨约4 500 km。它还存在于山脉的高处，如美国的落基山脉和阿巴拉契亚山脉以及欧洲的阿尔卑斯山脉。

北方针叶林的典型特征是气候寒冷，降雨稀少，生长季短。当北方针叶林位于大陆内部时，其温度可能比它们更北的极地区域更低。因为附近没有能对气候进行调节的温暖洋流，位于大陆内部的北方针叶林区域更加寒冷。在一年中的大多数时候，冰冻覆盖整个北方针叶林。因为冰冻阻止了水的流动，所以大部分地面被冰永久覆盖着。严酷的寒冬限制了动物生命形式的多样性。

许多动物并不是整年都生活在北方针叶林中。鸟类只有到夏季才迁徙到这个区域，而大多数时候，它们都会迁徙到更加温暖的区域。那些常年生活在北方针叶林中的动物都已经适应了这种严酷气候。在春季和夏季，数量繁多的昆虫如蚊子、小昆虫、蠓等为迁徙的鸟类提供了食物。

2.1.4 温带草原

在亚洲，草地被称做干草原(steppes)；在南美，被称为潘帕斯草原(pampas)和坎波斯草原(campos)；而在北美，被称做大草原(prairies)。许多动物生活在草原中。基于每个地区的年降水量，可以发现在草原的不同区域生活着不同的动物。

北美大草原可以分成以下三类：① 矮草草原，草的高度在 50 cm 以下；② 混合草原，草的高度在 50～150 cm；③ 东部高草草原，草能长到 3 m。

亚洲的干草原可以被分为东、西两部分。东部干草原地势更高，也更干旱。它也可以被划分为西部森林干草原(这些区域中有松树、橡树和桦树)，开放干草原(树木较少)，南方半荒漠(有沙漠植被生长)。

各种地貌，如草沼、河流、岩坡和裸岩等，为许多动物提供了生态位。麝鼠和水蛇生活在溪流和小河等水体中；青蛙、蟋蟀、蝎蝽生活在较浅的季节性池塘(tide pool)中。草原生物群系同时也是食草动物(如牛和美洲鸵)、掘穴动物及各种昆虫的家园。

野火在草地中扮演着重要角色，它们使得草原区域没有树木和灌丛。作为适应的一个例子，在草原中的植物已经适应了野火，而且需要野火来保持其健康并在春季产生新的植被。①

---

① 译者注：这正如中国唐诗所描绘的那样：离离原上草，一岁一枯荣。野火烧不尽，春风吹又生。

2.1.5 温带森林

温带森林曾经占据了北美东部、欧洲和亚洲的大部分区域。这种生物群系位于中纬度且表现出季节性,拥有炎热的夏季和寒冷的冬季。树木主要为落叶性的,在秋天会变为美丽的色彩。因为大部分的人类都居住在这个区域,温带森林也是地球上变化最大的生物群系之一。温带森林分布在北美东部、亚洲东北部、欧洲西部及中部。不过,人类活动已经使森林面积大幅减小。到今天,在北半球只能发现零散的温带森林。

森林生境支撑了很多动物。北美森林中的树木种类是欧洲的5倍多。这些森林为许多稀有生物提供庇护场所,如象牙嘴啄木鸟和红顶啄木鸟。生活在垦伐造成的林隙中的动物包括鸟类和昆虫,如斑木蝴蝶(speckled wood butterfly)。

2.1.6 萨瓦纳(热带稀树草原)

萨瓦纳(Savanna)源自西班牙语,意思是没有树的平原。萨瓦纳位于北回归线和南回归线之间,即赤道附近从北纬23.5°扩展到南纬23.5°之间的区域。它们在非洲、印度和南美洲北部均有分布。气候是萨瓦纳产生的最重要因子。萨瓦纳有广袤无垠的草地,但是树木很稀少。它的另一个特征是降雨量低(当然没有沙漠低)。众多的食草动物(如斑马、长颈鹿、黑斑羚、瞪羚和牛羚)及其捕食者(如狮子、美洲豹和猎豹)一起生活在萨瓦纳上。野生的果树为鸟类等动物提供了丰富的食物。因为位于热带,所以萨瓦纳气温高。在萨瓦纳,降雨大部分发生在一年中的两个时节。萨瓦纳支撑着丰富的生物多样性。

2.1.7 热带雨林

温暖湿润的气候使得热带雨林成为世界上最富饶和最多样化的生物群系。超过150万种的植物和动物生活在热带雨林中。

生活在最高树木上的动物几乎不会踏足地面。它们包括捕食昆虫的鸟类,如犀鸟和巨嘴鸟。热带雨林的主冠层截留水分,并且保护森林免受风的侵害。在热带雨林可找到大部分的动物种类,科学家曾在一个冠层中发现了600种甲虫。

热带雨林面临着严重的威胁,这主要来自人类活动和土地利用导致的全球变暖问题。例如,森林砍伐已经成为导致全球变暖的一个主要原因。热带雨林存储了大量的CO_2。森林正以约每分钟50个足球场面积的速度被砍伐和燃烧,树木中储存的CO_2被重新释放到大气中,促使大气CO_2浓度上升并造成全球变暖。然后,这些碳汇资源(树木)再也不能存储额外的CO_2了。以上两个过程对全球变暖都至关重要。

2.1.8 山地

山地占据了全球陆地表面1/5的面积。与其他类型生态系统相比，每个山地都拥有独特的气候和动植物种类。一些山地永久被冰雪覆盖。山地一般比海拔较低的区域要湿润一些。山地阳坡对生长在那里的植物影响很大，同时也决定了哪些动物可在那里生活。山地的一边可以是温暖且湿润的，而另一边则可以是寒冷而多风的。所有的山地生态系统都有一个共同的特征，即在短距离内，海拔、气候、土壤和植被都变化很大。山脉支撑着高度的生物多样性，然而只有少数动物能够在山地严酷的环境中生存。大型动物一般都行动敏捷，如北美野山羊。很多山地动物都有适应山地环境的生存机制。

2.1.9 水生环境

水组成了地球上最大的生态系统①——海洋，覆盖了地球表面75%的面积。光线、温度、压力和营养等因素，都影响这里生物的种类和丰度。一般而言，赤道地区的物种数目最多，而极地附近最少。

水体的透明特性允许光线透射进来。浮游植物和其他有机体利用光通过光合作用制造食物。富含营养的表层水每年提供1.26×10^7 t的渔业产量。珊瑚礁是具有高度多样性的生态系统，存在于温暖的浅水水域中。珊瑚礁为珊瑚虫、微生物、无脊椎生物、鱼类、海胆、章鱼、鳗鱼和海星提供栖息地。

河口(estuary)是淡水溪流或河流与海洋交汇的区域，为蠕虫、牡蛎、蟹类和水鸟提供了栖息场所。淡水区域，如池塘、湖泊、小溪、江河和湿地，盐度都很低(一般小于1%)。这些区域中的物种都适应了这种低盐度的环境，不能在高盐度环境如海洋中存活。

在所有生态系统中，湿地具有最高的物种多样性。大量的两栖类、爬行类、鸟类(如鸭子)和毛皮兽(furbearer)可以在湿地中找到。一些盐度更高的湿地，可为贝类和虾类提供栖息地。

2.2 气候变化对生态系统的影响

科学家了解全球变暖将如何影响生态系统的一个途径，就是分析过去的气候曾对古生态系统的影响。古生态系统是指存在于前地质时代的生态系统。通过建立植被覆盖与古气候的关系，可以构建模型。可靠的模型一旦建立，改变输入变量CO_2的值，就能获得不同的结果用于后续分析。例如，美国地质调

① 译者注：原文为biosphere(生物圈)，是作者误用。

查局(U. S. Geological Survey, USGS)开发了一个模型,用以模拟当大气中CO_2浓度是工业革命前的 2 倍时,会对分布在美国西北部的花旗松(*Pseudotsuga menziesii*)种群产生怎样的影响(图 2.6)。

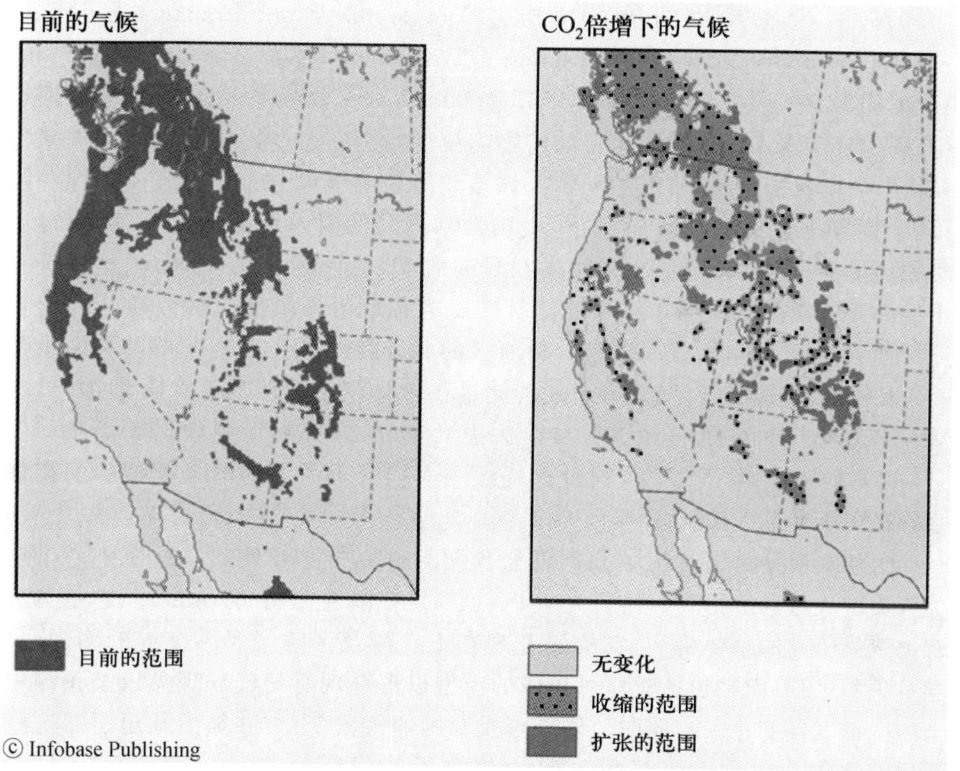

图 2.6 美国西北部花旗松的分布。左图是目前的花旗松分布。右图是当大气CO_2浓度倍增时花旗松的分布。绿色区域表示目前有花旗松分布且将来还会继续有;红色区域表示目前有花旗松分布但将来不会继续有;蓝色表示目前没有花旗松但将来会有花旗松的分布(USGS)

一项由华盛顿的"美国全球变化研究计划"(U. S. Global Change Research Program, USGCRP)主导的研究工作,起始于 2001 年,之后在 2004 年升级更新,其内容是尝试预测未来气候变化将如何影响生态系统。他们得出结论是"气候变化对生态系统的结构、功能和区域分布存在潜在的影响,从而会影响生态系统所提供的产品及服务"。

他们的结论是建立在"植被/生态系统模拟和分析项目"(Vegetation/Ecosystem Modeling and Analysis Project, VEMAP)所进行的模拟和分析结果上。基于加拿大和哈德利模型(Hardely model)模拟的气候变化情景响应,这个项目被用于模拟美国大陆(不含阿拉斯加和夏威夷)未来的生态系统情景。

紧接着,VEMAP模型被用来验证俄勒冈大学和美国林业局在2008年开发的“动态全球植被模型”(Dynamic Global Vegetation Model, DGVM)。他们的MC1－DGVM作为输入数据用于VEMAP和“北美森林对气候变化的脆弱性与影响:生态系统响应与适应”(Vulnerability and Impacts of North American Forests to Climate Change: Ecosystem Responses and Adaption, VINCERA)中。MC1基于VEMAP和VINCERA的气象和土壤输入数据运行,用于确定输入数据的变化将如何影响模型输出。通过比较两个不同未来气候情景下的模拟结果,研究不同输入数据如何影响植被分布和碳收支状况。结果表明:“在所有未来气候情景下,美国西部内陆的树木会更加茂盛,因为更温暖的环境和充足的水分将支持树木在目前的草原区域生长。同时,更加温暖和干燥的天气使得东部落叶林和混交林转变为林冠更开阔的森林或热带稀树草原。而且到了21世纪末期,五大湖地区的北方针叶林几乎会全部消失。虽然在VEMAP情景下,模型显示未来碳储量在森林茂密的西部会大大增加,但在VINCERA干燥情景下,东部区域会丢失大量碳,西部只适中增加碳储量。但是,在所有未来气候情景下,被野火烧毁的面积会扩大。”这两个模型中的相似之处被用于验证VEMAP项目。

哈德利模型是由英国哈德利气候预测与研究中心开发的。这个中心也被称为英国气象局哈德利气候研究中心,总部设在埃克塞特(Exeter)。它是英国有关气候研究的重要机构,它的研究现在不仅涉及了解气候系统内的物理、化学及生物过程,而且包括建立可操作的模型以解释现有的气候现象以及预测未来的全球气候变化。它同时监测全球及全国的气候变化,并努力确定引起这些变化的原因。加拿大气候模型是由加拿大气候模拟与分析中心(Canadian Centre for Climate Modeling and Analysis, CCCma)建立的。这个中心隶属于加拿大环境部气候研究分部,总部设在不列颠哥伦比亚的维多利亚大学,它专注于气候变化及模型研究。在过去的九年时间里,CCCma已经研发了三个大气模型和三个大气/海洋环流模型(GCMs),使其成为世界上研究气候变化的领军者之一。他们发现,未来的几十年,在美国气候变化很可能因大气中高浓度的CO_2导致植物生产力增加。美国的很多地区,尤其是那些会变得更温暖和湿润的地区(更潮湿并类似于热带),陆地碳储存(如树木)也会增加。美国东南部的生产力则很可能会降低,相应的碳储存也降低(因为生长的植被更少)。

到21世纪末期,美国的很多地区会经历植被分布变化。变得湿润的地区会出现更多的树木,而变得干燥的地区(如东南部),其土壤会更加干旱,从而使得森林面积逐渐缩小,树木将被稀树草原/草地生态系统所代替。

模拟植被进化和适应则更加困难。这项研究关注以下两个时间段:2025—2034年(近短期)和2090—2099年(长期)。在近短期,生物地球化学的变化预计会主导生态响应，生物地球化学响应包括基于碳、营养（如氮）和水的自然循环的变化，这些响应受环境条件变化的影响，如温度、降雨、太阳辐射、土壤质地和大气 CO_2。正是这些自然循环过程影响了植物通过光合作用固定碳、土壤营养过程和水分转移（蒸散是蒸发和蒸腾的总和）。这些生物地球化学因子影响植被的生产力。

从近短期生物地球化学模型模拟的结果，科学家得出大气 CO_2 浓度会上升的结论。他们估计目前的平均碳储存速率是 66 Tg/a（1 Tg＝10^{12} g）。哈德利模型预测在 2024—2034 年期间，碳储存速率会达到 117 Tg/a（几乎在目前水平上增加了一倍）。加拿大模型估计大气 CO_2 会以 96 Tg/a 的速率增加，同时这个模型表明，美国东南部的生态系统在近短期内会丢失碳，因为科学家们预测该地区的气候会变得更加干燥与炎热。

生物地理学模型基于大气 CO_2 浓度、蒸散、植物建群、种间竞争、生长速率和生命周期/死亡率的变化来研究正在变化的景观。在这个模型中，来自哈德利气候变化研究中心和加拿大气候变化中心的科学家都一致认为，植被能自由地从一个位置移动到另外一个位置（受限于农业和城市发展）。在美国的不同区域，植被分布的变化也有所不同，如下所述：

- 东北部：森林仍然是优势自然植被类型，但林型会发生变化（如冬季落叶林会代替针阔混交林）。热带稀树草原和湿地类型也将有所增加。
- 东南部：森林仍然是占优势的生态系统，但是森林类型会发生变化。特别在接近 21 世纪末期，热带稀树草原和草地类型会蚕食森林。干旱和野火会对森林造成显著的破坏作用。
- 中西部：森林仍然是占优势的土地覆盖类型，但是树木种类会发生变化。热带稀树草原和草地类型会适度扩张。
- 大平原：木本植物有少量增加。
- 西部：荒漠生态系统减少，而森林生态系统增加。
- 西北部：森林覆盖面积略有增加。

由加拿大政府单独开展的一项研究预测，在未来 100 年，气候变化将使生态系统产生如下变化：

- 海岸带：
  - ○ 滨海地区的水淹和侵蚀。
  - ○ 海平面上升（威胁城市发展）。
- 森林：
  - ○ 害虫增加（昆虫入侵）。
  - ○ 干旱和火灾程度加大。
- 植物和动物：
  - ○ 温度升高导致水供应减少，对植物和动物造成负面影响，且使得它们来不及适应。

- 农作物：
  - 在一些地区，温暖的气候会使无霜期延长 3～5 周，这对商业性农业是有利的。
  - 在其他一些地区，更干燥的土壤和水分缺失会对农业生产造成负面影响。
- 水井：
  - 饮用水的数量和质量可能受持续增加的干旱威胁。
- 恶劣天气：
  - 冬季暴风雪、洪灾、干旱、热浪和龙卷风可能变得更为频繁和严重。
- 渔业：
  - 对水温敏感种类的种群数目和生活范围会受到负面影响。
  - 太平洋的三文鱼捕获量会降低。
  - 洋流的变化会对大西洋的渔业造成不利影响。
- 湖泊和河流：
  - 在干旱影响下，水位会下降，对饮用水质量造成不利影响。
  - 在类干旱(droughtlike)条件下，湖泊作为运输、休闲娱乐、垂钓和发电(水电)的功能降低。
  - 其他降雨量增加的地区可能会受到洪灾、海平面上升及严重的暴风雨影响。

在 2005 年 2 月，英国埃克塞特的气象局发布了一篇名为《避免危险的气候变化》(*Avoiding Dangerous Climate Change*)的报告。这项研究的目的是确定“什么样的 CO_2 浓度是危险气候变化的临界值，并将对生态系统造成不利影响，以及我们可以采取什么行动来避免这种结果”。在报告中，时任首相的布莱尔说：“现在非常清楚，温室气体的排放……正以我们无法接受的速率造成全球变暖。”

英国环境事务大臣 Margaret Beckett 说：“大多数人都会对这个报告的结果感到震惊。公众或许并不那么熟悉的事情……是我们将会到达的一个转折点。在这个转折点，变化将是不可逆的。当然，我们并不是谈论在五分钟内发生的气候变化，而可能是千年以上，但是这种变化是不可逆的，我认为应该告诉公众让他们自己来取舍。”

这份报告由英国政府出版，声称我们只有一点点机会让温室气体排放保持在“危险”水平以下。该报告警告，格陵兰冰盖在未来一千年中可能会融化，将导致海平面上升 7 m。它还警告，发展中国家会遭受最严重的打击。

该报告还声称，基于世界上许多生态系统的脆弱性，欧盟(European Union，EU)已经设定了阻止全球温度上升超过 2 ℃的目标。一些人认为，即使这样，将来的温度还是太高。该报告中写道，“当温度增加超过 2 ℃时，风险会大幅提高，同时大范围的物种灭绝可能会发生，饥饿和水分短缺的风险会显著增加……特别是在发展中国家。”

为了达到他们的目标，英国科学家建议 CO_2 水平应该稳定在 450 ppm① 或以下。目前，大气 CO_2 浓度约为 380 ppm。对此，英国政府首席科学顾问 David King 先生认为这不大可能发生。他说：“在未来 10 年中，大气 CO_2 浓度将会达到 400 ppm。我做出了这个预测但没有丝毫的喜悦。”

Myles Allen 是牛津大学的大气物理学专家，他认为：“评估大气中 CO_2 的‘安全浓度’有点类似于问一个医生每天吸多少根香烟是安全的。”

然而，该报告总结了一些能够降低 CO_2 排放的有效技术手段，这些技术将来会被采用。这份报告同时也总结出，使用这些技术及可再生能源和“洁净煤”(clean coal)的最大障碍，是现有经济投资和与石油工业传统上的牢固联系、反对气候变化的人文态度，以及大多数人在这方面意识的缺乏。目前，各种参与抵抗全球变暖运动的保护组织，如忧思科学家联盟(UCS)、野生动物守护者(Defenders of Wildlife)和世界自然基金会(WWF)也纷纷表示支持这些观点。

2.3 影响、脆弱性和适应

对于植物和动物的适应而言，中断迁徙是最严重的限制之一。迁徙对于如鹅、麋鹿、三文鱼、棱皮龟、牛羚、黑脉金斑蝶等动物而言是每年自然进行的活动。随着全球变暖影响全球生态系统，新的气候状况使得很多物种世世代代居住地区变得不再适合它们生存，它们必须迁移到能适应的地区。然而，这个过程也存在一些潜在的问题。在全球变暖影响下，环境变化的速度可能超出一个物种能适应的速度。在其他状况下，现有土地利用方式，如高度城市化地区，可能会对野生生境产生负面效应。大部分的野生生物需要安全的核心区生境，在核心区生境里，人类活动受到限制，生态系统功能仍然保持完整，而野生生物种群则能够繁衍。如果没有核心区生境，野生生物的长期健康和存活将恶化。这种状况下，在全球变暖产生明显效应之前建立连接核心区生境之间的廊道非常重要。如图 2.7 所示，通过一条廊道确保了核心区生境之间的连通或漫游空间，使得野生动物在需要的时候能够自由地在核心区生境之间移动。缓冲区环绕关键的核心区，维持生态系统的完整性。划分核心区、廊道、缓冲区的目的是为了限制人类的活动，使野生生物在最佳生物多样性的条件下生活。

地球上的大部分生态系统都将受全球变暖的影响。一些最脆弱的生态系统包括极地动物(例如北极熊和帝企鹅)，很多咸水湿地动植物物种，以及生活在低地区域易受水淹的物种。此外，那些依赖寒冷气候条件的物种也将会受到

① ppm：100 万份气体、液体或固体中某特定化学物质的含量。

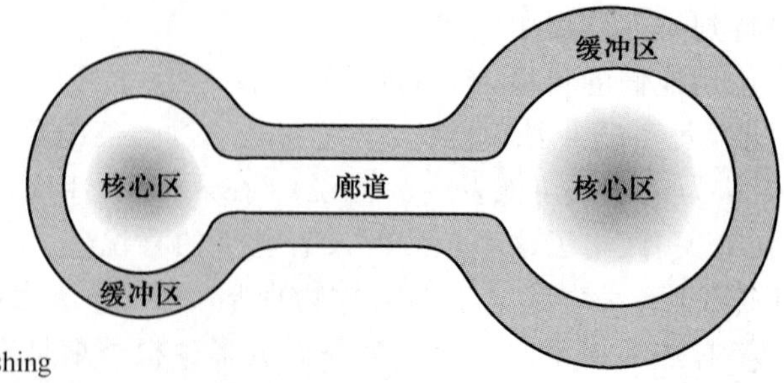

图 2.7 野生生物廊道连接关键核心生境

严重影响。

正如《生活科学》(LiveScience)在2005年6月发表的一篇报告指出,动植物的很多变化将会被认做是预期的非自然气候变化的结果。他们特别指出,由于人类造成的全球变暖,一般生活在北半球高海拔地区的驯鹿群极有可能从它们现有的大部分区域消失。一些动物周期已经受到干扰。比如:

- 加拿大红松鼠繁殖时间比以前提早了18天。
- 相比30年前,土拨鼠提前三周从冬眠中苏醒。
- 红狐往北迁徙,侵占以前由北极狐占据的生态系统,导致两者之间为生存争夺自然资源。
- 相比20年前,现在的北极熊更瘦且更不健康。
- 由于海象的猎物迁移到更冷的水体中,它们的幼兽开始挨饿。
- 相比15年前,蠵海龟提前10天产蛋。
- 潮滩有机体(如岩藤壶、软体动物)往北迁移。
- 许多鱼类往北迁移以寻找更凉的水体。
- 鸣禽的食性发生变化。一些鸣禽回避捕食某些昆虫,这些昆虫是以高浓度CO_2下生长的叶片为食。
- 相比40年前,北美树燕提前约9天下蛋。
- 因为温度上升,提供了更多的热量、阳光和水分,一些植物目前生长在之前它们未曾分布的区域。
- 美国显花植物(flowering plants),如楼斗菜、野老鹳草的开花时间比以前提前。
- 格纹蛱蝶不再往北迁移。

随着CO_2浓度上升,全球变暖威胁着目前濒危动、植物的生存,其他一些物种也处于危险之中。全球变暖使温度、湿度、土壤与植被发生改变,威胁自然生境的范围,对生态系统中以濒危种类为食物的其他物种造成不利影响。

灭绝并不是在一夜之间发生的,而是分好几个阶段。野生生物学家现已确

认大部分物种在灭绝前经历的几个关键阶段,典型的转变过程是从稀有种到受胁种,再到濒危种,最后灭绝:

- 稀有种(rare species):种群很小且被隔离的一种植物或动物。在野外并不是很容易见到这种生物的许多个体,但是其种群是稳定的。
- 受胁种(threatened species)或渐危种(vulnerable species):在一些地区数量丰富,但仍然面临严重威胁的植物或动物,它们很有可能在不久后濒临灭绝。
- 濒危种(endangered species):个体数目已经减少到快要灭绝的程度的一种植物或动物,这些物种需要人类的帮助才能幸存。
- 灭绝(extinct):已不再存在的一种植物或动物。任何地方都找不到生活的个体。

关键是要能够确定物种处在灭绝的哪个阶段,从一开始就设法改变威胁物种存在的因素。一个物种越接近灭绝,修复和逆转其遭受的损害就越困难。

环境学家一直在警告我们,拯救物种是十分重要的,因为它们会提升人类所在环境的健康程度。濒危种是大自然的紧急呼叫,因为如果那些物种真的灭绝了,污染和环境退化将最终摧毁人类。

2.4 保存问题

在 2008 年 1 月,《纽约时报》(*New York Times*)的一篇文章指出,在全球变暖和气候变化的影响下,那些旨在保护世界上具有丰富生物资源的生态系统的保护组织,他们的努力也许不足以拯救物种。这篇文章认为,一些气候科学家相信如果全球持续变暖,会使一些溪流不复存在,在美国太平洋西北部重建和维持大马哈鱼洄游路线的努力可能难以长治久安。另一个被证明为失败的环境保护努力则是在佛罗里达大沼泽。如果将来海平面上升且会淹没一些地区,那么目前在这些地区进行淡水河道恢复的努力都是徒劳的。在其他一些保护项目中,地质学家建议,应该放弃保护美国那些脆弱的海岸障壁岛,而将更多的注意力放在滨海沼泽向内陆的迁移,以缓冲未来海平面上升的影响。

基于文献记录的大气 CO_2 浓度的稳定上升,生态学家和保护生物学家都担心生态系统可能变化太快,以至于许多稳定的区域都将变得脆弱。据加利福尼亚科学院生物多样性研究和信息中心主任 Healy Hamilton 博士说:"在美国范围内,我们已经用了 100 多年的投资来建造一大套保护区,但是它们现在可能难以继续保护之前的目标生态系统。新的物种会迁移进来,而目标物种会迁移出去。"

由于可预见的气候变化的演变及相关物种的再定殖,今天的保护主义者认为他们应该做更多的事情，而不是仅仅确认那些对目前来说合适的生境并筹集资金来管理和保护它们。他们的思想已经超越了之前的一些局限性，而更多关注未来的情况。现在，他们必须做出有根据的推测，哪些地点在未来50年、60年或更久之后是重要的，并设法保护物种现生存的生态系统以及其未来所需。

大自然保护协会全球气候变化计划中心主任 Bill Stanley 说："我们现在做的事与刚开始截然相反。"目前大自然保护协会计划，到2015年为止，保护10%的主要生境类型，比如草地、淡水环境和森林。Stanley 继续说："我们现在不知道如何恰当地处理这种状况，本来我们作为草地保护的地区正在变成森林。"

这些情况集中体现在，我们是否应该采取一些行动来干扰植被类型，以及如何管理之后的景观。Hamilton 博士指出："我们必须调整所有的策略。"

部分困境是未知的。保护组织相信，到目前为止，他们对生态系统所进行的健康和正面的工作具有深远的正面效应和很高的价值，但是因缺乏对变化的速率和强度的了解，仍使得我们很难预测将来的结果并制定相应的规划。

为了阐明这个观点，大沼泽国家公园(Everglades National Park)负责人 Dan Kimball 指出，如果海平面上升的速度超过预期，红树林湿地将会被淹没，这会对生态系统的健康造成负面影响。相反，如果上升速率慢，那么红树林能够截留足够的泥沙，并形成一个保护地形的屏障。例如，2005年遭威尔玛(Wilma)飓风袭击，该地被冲刷出一个明显的湿地。

2.5 土地利用和土地覆盖变化的影响

当分析目前全球变暖的影响及预测未来全球变暖的影响时，科学家必须考虑的另外一个因素是土地利用变化对土地的影响。根据美国环境保护署(Environmental Protection Agency, EPA)的研究，土地利用和覆盖的变化能够通过改变太阳辐射吸收量和反射量而影响地球温度，同时会影响地球能量平衡。人类的行为可以通过多种方式影响景观，比如农业活动、森林砍伐、造林、荒漠化、城市化、工业化等，这些人类活动反过来又会改变地球能量的平衡(图2.8)。这些土地利用的变化可通过改变大气温度、大气环流、降水分布来影响气候。有时，这些影响在区域尺度上更为明显。

根据忧思科学家联盟的研究，即使城市发展或者森林砍伐发生微小的变化也能改变局部的降雨模式，并且引发其他的气候干扰。土地利用变化除了改变地球大气温度外，还会同时影响植被中碳的固定和储存(被称为碳封存的过程)，或陆地表面的碳释放。

土地利用转化最古老和最常见的两种方式是毁林造田和开荒建城。这些变化对区域气候系统有直接的影响。在城市中，当自然地表覆盖被沥青和其他黑色下垫面代替时，入射的太阳辐射被这些黑色表面吸收并存储，之后再辐射返回。工业、房屋及汽车也给城区增加了大量热量，进一步扰乱自然温度平衡，这种现象被称为城市热岛效应，它能影响区域尺度的气候。在森林被砍伐、植被被清除用做农业用地之后，其地面温度比森林砍伐前要高得多，这也会使得区域温度升高。

图 2.8 土地利用和地面覆盖影响当地温度的作用。城市的反射与自然区的反射有很大的不同。在城市地区，工业、汽车、建筑和黑色下垫面(例如沥青)对太阳能的吸收产生了被称为“城市热岛”的现象。自然林区的温度变化幅度相对比较温和(Nature's Images)

当景观的平衡受到影响，它会对水分有效性和温室气体的产生造成影响。当森林和植被被砍伐和清除，将没有地方来储存 CO_2，CO_2 的长期保存库也会丧失。当一些地区变成城市且修建高速公路，化石燃料的燃烧也会极大增加排放到大气中的 CO_2 量，从而加速全球变暖。从全球来看，自然生态系统正在变为城市，森林正在被砍伐。随着化石燃料燃烧的问题越来越严重，全球变暖的不利影响被景观中的越来越多的地区所感受到。无论是来自城市化、森林砍伐、工业化、农业生产，还是其他形式的土地利用所导致的 CO_2 输入都会促进全球变暖，这是目前世界居民越发需要面对的一个主要问题。

（郭海强、赵斌、阳祖涛、谢潇 译）

第3章

全球变暖对森林生态系统的影响

森林已经存在了数亿年。几个世纪以来,气候迫使森林通过改变植被以及迁移到新的生境来适应其变化。过去这种状况以缓慢的速度发生着,森林能够成功地适应气候变化。而如今,气候(温度、降雨、湿度及气流)正在发生剧烈变化,这使得森林没有足够的时间来适应这些变化。

与此同时,许多人类活动已经给森林留下了深刻的印记,比如森林清伐、城市化、森林砍伐、采矿,及许多其他活动已经毁坏了大部分森林,使森林破碎化。根据联合国政府间气候变化专门委员会(Intergovernmental Panel on Climate Change,IPCC)的研究,"以上这些威胁与以空前速度发生着的气候变化的影响一起,危害森林的耐受力和分布"。公共广播电台(Public Broadcasting Service,PBS)由 Bill Moyers 特别报道的《悬崖边上的地球》(*Earth on Edge*)节目指出,所有已知树木中有近9%的种类濒临灭绝。大部分森林的减少都发生在过去的三十年,主要是由人类活动造成的。

基于多方面的理由,森林是非常有价值的生态系统。例如,森林能帮助调节降雨,也是食品和药品的关键来源。森林提供了丰富的野生动物栖息地、碳储存、清新的空气、水及休闲娱乐场所。它也包含了丰富的自然资源,如木材、植物、浆果、水和野生动物。此外,森林也具有重要的美学价值。森林的正常生长和多样性主要受气候影响。

本地的森林已经适应了当地的气候条件。比如,遥远的北方针叶林生长着大量的耐寒植物白云杉。因为针叶林和硬木林只需很少的水,所以它们在较干燥的区域旺盛生长。气温影响植物个体的生理活动(如生长),因此全球变暖对森林正常生长有着强烈的影响。

本章主要探究全球变暖将如何影响全球森林(温带的、寒带的和热带的)及其中运行的生态系统。如果现在不采取适当的管理手段来预防全球变暖可能带来的影响，森林可能将无法存活。

3.1 温带森林

温带森林是指那些位于地球温带区域，或中纬度地区如美国的森林。森林在全球变暖和 CO_2 循环中扮演着重要角色，它们储存了大量的 CO_2。森林中的树木、其他植被和土壤组成的生态系统通过光合作用吸收 CO_2 来驱动全球碳循环。

作为生态系统，许多森林今天正遭受着主要由人类活动所带来的威胁。一些森林被砍伐，获得土地用于诸如牧场或农田等其他目的；另一些森林被采伐，数百亩的树木被收获用于木材制品。采矿业的开拓及运营正在向其他森林渗入。城市化，以及为连接城市和工业区的交通网建设也在侵占森林，甚至一些森林被有意焚烧。

随着所有这些发生在世界各森林中的活动，森林这个有价值的资源正在快速消失(图 3.1)。不仅无法继续进行碳储存，而且当树木燃烧时，它们所储存的碳也都返还给大气层。

图 3.1 温带森林是很时尚的休闲娱乐场所，比如徒步运动。图中显示的是在温暖的夏季，一群爱好者在犹他州北部的落基山脉的尤盈塔山脊徒步行走(Nature's Images)

3.1.1 碳封存

如果森林被合理管理，它们是能用于抵御全球变暖影响的一类生态系统。根据忧思科学家联盟(Union of Concerned Scientists，UCS)的专家们估计，到 2050 年为止，森林能降低相当一部分碳的净释放，相当于预期的化石燃料燃烧释放量的 10%～20%。仅仅在美国，增加森林碳储存的措施每年就能额外封存 4 000 万～8 000 万吨碳。热带森林和亚热带森林是世界上最具固碳潜力的森林。

碳封存(carbon sequestration)被认为是抵消全球变暖的一种切实可行的方法。根据 UCS 的研究，森林固碳，也被称做基于森林的减碳，可以通过以下两种策略实现：

(1) 保护现有森林。

(2) 通过(a) 种植更多的树木，(b) 促进森林的自然更新，或(c) 提高森林管理实践来增加生物量等方法来提高森林的碳吸收能力(carbon-absorbing

capacity)。

UCS再一次声称,如果森林固碳被正确处理,它能减缓气候变化和全球变暖效应。比如,基于他们的数据,如果森林管理者能够延长森林收获时间间隔以及允许保留老的树木,那么位于美国西北部和东南部的美国森林的现有碳储量能翻倍。在加拿大和墨西哥也能达到同样的目标,并有助于增加碳储存。UCS的另一个提议是建立一个体系,鼓励私营企业为保护森林而购买和保留一些自然森林,并从中获得减碳的信用。从自然保护中我们能获得相当丰富的环境福利,比如保护生物多样性和维护清洁流域。

3.1.2 森林价值

UCS已经确认的一个问题是公众必须受到良好的教育,以便认识到森林提供的有价值的服务功能,比如生物多样性、碳储存和水体净化等(图3.2)。然而,今天我们要面对的主要问题之一,便是经济学问题。当从森林获得的木材或其他产品销路很好的时候,很难说服人们放弃这种做法而选择保护对所有人有利但却无形的环境。目前在处理全球变暖问题上,市场论和环境论的对抗已经产生了最大的挑战。

图3.2 温带落叶林拥有无比珍贵的美学价值,比如在秋季树叶会呈现出鲜艳的红色、橙色和黄色(Nature's Images)

3.1.3 全球变暖效应

受全球变暖和降雨量变化的影响,并不是所有的森林都会表现出一样的结果。一些森林将枯萎(造成树木损失),而另外一些森林可能会扩展它们的范围。CO_2总量会发生变化,其影响也会混合其中。无论特定的森林会有怎样的结果,如果它的种群不能适应这种变化或者迁移,它就将面临灭绝。

据IPCC报道,在21世纪,全球至少1/3的存留森林可能受到气候变化的不利影响。全球变暖可能会迫使植物和动物物种以超出其自身物理条件所允许的速度来更快地迁移或者适应,这会扰乱整个生态系统。IPCC同时也预测森林会经历火灾强度和频率的变化,并更易受到虫害和病害的侵袭。

根据世界自然基金会(World Wild Fund for Nature,WWF)报道,气候科学家们利用一系列方法来预测气候变化对森林的影响。在全球或较大区域尺度上,他们通过整合生物地理学模型和大气环流模型(GCMs),来模拟当大气CO_2浓度增加一倍时所在环境的变化,并且预测生态系统的更替。他们也用生物地球化学模型来模拟碳循环、营养流、降雨、土壤水分及温度的变化,从而研究生态系统生产力。他们甚至使用全球模型来模拟全世界植被组成及分布变化。

IPCC称,在气候变化期间全球变暖能直接和间接影响森林。温度升高、降雨模式改变及极端气象事件等直接影响,已从某些特定的树木和动物种类中观察到。哪怕很小的变化都能影响森林的生长和存活,特别是那些位于生态系统外围边缘的部分,因为那里的条件处于临界状况。当气温升高,蒸散过程会使更多水分损失,导致更加干旱的情况发生,植物可利用水分降低。水温也能扰乱植物开花和结果的时间,对它们的生长造成不利影响。当森林所习惯的季节降雨模式发生改变时,森林也会受到威胁。当森林需水的时候,水分供给却短缺,产生干旱及水分胁迫,而当水分过多,却不能利用,产生水淹和泥石流。

根据加拿大自然资源署(Natural Resource Canada)的研究,森林的年龄和结构在决定森林如何快速响应水分状况变化中扮演着重要角色。成熟(老龄)的森林拥有完善的根系,与年轻的森林或受到干扰(如病害侵袭)影响的森林相比,成熟森林能更好地耐受干旱。植物种类也起着一定的作用,比如一些物种相比其他物种抵抗力更强。

CO_2 浓度升高对森林影响正通过模型进行模拟。根据加拿大自然资源署的研究,模拟的结果并不像期望的那么明确或有说服力。这些结果存在许多问题。他们发现在更高的 CO_2 浓度下,一些植物表现出更高的水分利用效率,一些植物则表现出对高 CO_2 浓度的适应,但是它们对 CO_2 的吸收速率随时间降低。当其他温室气体如臭氧(可抵消 CO_2 的作用)和氧化亚氮(N_2O)(能促进树木生长)参与其中时,模拟 CO_2 升高的影响也会变得困难。

短期内(50～100年)由全球变暖所导致的变化主要集中于生态系统功能方面。长期来看,森林类型的更替会更显著。根据IPCC的研究,北方针叶林会受到最大的影响,其面积会大量减少,因为预期全球增温对极地区域的影响最为明显。

一些最脆弱的温带森林会岛屿化,或分隔成森林斑块,跟被城市和农业用地入侵造成的破碎化森林一样。对这些森林而言,已没有地方可以迁移。位于山地较高海拔的森林也面临着类似的威胁,它们不断向上迁移,最终也将没地方可去。那些局限于较小地理区域范围,或者种子扩散范围有限的物种也将受到威胁和面临濒危。

根据WWF的研究,作为全球变暖所导致的结果,温带森林生态系统预期经历的五个主要类型的变化包括:

(1) 干扰:森林生态系统将会受到更多极端气象事件、降雨及温度变化的影响。森林将会更加破碎化和被孤立开来,生态系统永久改变。

(2) 简单化:如果全球变暖足够严重,它会导致那些生长缓慢的物种被速生的短命野草和其他入侵种所替代。这会是一个大麻烦,因为它会使景观退化,形成物种匮乏的森林，之前丰富的物种多样性消失，取而代之的是一些入侵物种占优势。

(3) 移动：预期物种在纬度(朝两极)和海拔(朝山区)上进行迁移。不过我们并不知道物种迁移速度有多快。

(4) 林龄下降：由于全球变暖给森林树木带来的所有胁迫，老龄树木会死亡，而年轻的树木会占据那些区域，这会对森林生物多样性造成负面影响。

(5) 灭绝：那些最脆弱的森林生境将会永远消失。

在全球变暖条件下，未来存活的森林将会与现今的森林有很大不同。虽然变化的程度在不同地区有所差异，但是所有森林都将受到影响。

3.1.4 气候变化影响

分布在美国和加拿大的森林已经显现了全球变暖的影响。在20世纪，气温上升了1～2℃，同时还记录了降雨变化。专家们相信更高水平的CO_2浓度已经造成了太平洋海岸和大西洋海岸的森林覆盖区出现顶梢枯死(dieback)的现象。

据预测，美国温带森林在22世纪将会向北迁移100～530 km。如果同期气温上升2℃，模型预测迁移速度为每年1.6～4.8 km，这对于绝大多数温带物种而言(除了那些种子能被鸟类进行长距离携带的种类)已经太快了。预计草地将会占据大片原本是森林的区域。

生存在温带森林中的野生动物也会受到生境丧失、干旱和野火的影响(图3.3)。疾病会让它们变得很虚弱。根据美国全球变化研究项目中国家评估综合组(National Assessment Synthesis Team，NAST)的研究，一些森林模型预测森林生产力随着气温上升会整体增加。他们还澄清，其他环境因子，如极端天气，能够抵消一些生产力的增加。NAST也称美国预计将会经历许多生物多样性上的变化。位于阿巴拉契亚山脉从新英格兰到西弗吉尼亚范围内的枫树/山毛榉/桦树森林将会完全消失。在五大湖上游，山杨、桦树和红杉将会消失。

图3.3 温带森林是很多类型的野生动物的家园。如果全球变暖导致森林迁移或者死亡，这将会威胁目前现存的数千种动物种类，这些动物可能不能适应这种变化(National Park Service)

如果全球变暖继续发展，模型表明橡树/松树和橡树/山核桃森林将会取代这些受威胁的区域。然而，如果情况很糟糕，全部植物物种都可能消失。

NAST也发现较凉爽区域的升温，比如在美国本部和靠近加拿大边境的西部山区的升温，将会增加树木的丰度，为爬行类和两栖类提供更好的生境。这些同样的模型同时也预测在美国东部的鸟类和哺乳类将会减少。NAST 模型已经预测斯堪的纳维亚的温带森林将会向北迁移，并且取代其他森林群落。模型也预测中国的针叶林将会减少。

3.1.5 近期进展

以下是当代四个森林覆盖区受全球变暖影响的例子。

2007 年 7 月 7 日的《今日美国》(*USA Today*)报道，在过去 20 年中，森林大火的发生频率和规模显著上升，而全球变暖被认为是部分成因。自 1987 年以来，美国西部区域的野火发生频率增加，目前的火灾季节相比之前要长 2.5 个月。这个问题部分是由于相比以前，春季升温要早，而且速度更快。这个突然的温度转变融化了山区冬季积雪，使之转化为强大的春季径流。草本、灌丛和其他植物的提早绿化促进了生物量增加。当夏季快速升温的时候，比如有几天气温超过 37.8℃，而冬季融化的雪水早已通过河道进入了水库，在炎热干燥的空气中景观变得极其干燥，在春季充足的径流中产生的大量生物量也变得非常干燥，形成高火灾危害。

加州大学圣迭戈分校斯克里普斯海洋学研究所的研究人员 Anthony Westerling 认为，“我们并不想去进行有关气候变化的争论，但是，在气候变化下温度进一步上升，造成严酷年份的野火发生频率更高，这已经司空见惯。积雪提早融化，土壤和植被快速变干，火灾增多，燃烧时间更长，规模也更大。”

一组来自加州大学圣迭戈分校和亚利桑那大学的科学家研究发现，在 1970—2004 年间的 1166 次森林大火都发生在面积为 405 hm^2 的国家森林和公园中。他们确定，在后期，也就是 1987—2004 年间，火灾发生次数为前期的 4 倍，超过 6 倍面积的土地被焚烧。后期的火灾更难控制，而且持续时间更长。火灾的持续时间开始平均达到 5 个星期。在这段时间，1988 年的黄石森林大火尤其著名。黄石森林公园 1/3 的面积被焚烧，而且这场火灾并没有被扑灭，直到秋季燃烧殆尽才偃旗息鼓(图 3.4)。

图 3.4 在 1988 年，燃烧掉 1/3 黄石国家公园面积的大火是历史上最具破坏力的大火之一

来自亚利桑那树木年轮研究实验室的 Tom Swetnam 说，气候是造成森林大火的主要因素，特别是在北部岩基区域。他进一步指出，怀俄明、爱达荷和蒙大拿州的大火数目自 1987 年以来增加了 60%，这可支持他的结论。升温和干燥共同促使森林变得易受野火影响。

3.1.6 旅游及休闲活动

可能受全球变暖严重影响的一项休闲活动当属滑雪业。欧洲的阿尔卑斯山脉的很多冰川已经开始融化，这威胁滑雪度假地的未来。因为受已变暖的条件和已改变的天气模式影响，许多冬季休闲度假地不得不进行人工造雪。据《纽约时报》(*New York Times*)报道，气候专家 Shardur Agrawala 指出阿尔卑斯度假区，尤其在低海拔地区，正在开发其他的一些不需要雪的赚钱机会，如温泉浴场、宾馆、购物中心、游泳池、会议中心、供徒步旅行者和观光客乘坐的齿轮电车轨道。在同一篇报道中，一些欧洲的度假区声称全球变暖已经开始影响旅游业。瑞士采尔马特山区度假村的一位经理 Roman Codina 证实，夏季月份的游客激增，他们来自炎热的欧洲城市，希望在凉爽的山区放松一下。

无独有偶，美国的滑雪度假村也面临着类似的困境。在传统的滑雪季节——11 月的感恩节来临的时候，没有足够的积雪来开门营业，他们只能使用人造雪来造雪基。人造雪也被用做干燥年份滑雪竞赛的补充。

鸟类、花园和全球变暖

2003 年 6 月 3 日《国家地理新闻》(*National Geographic News*)(在线版)的一篇文章指出，2002 年英国的暖冬，伴随着啮齿动物种群的剧增，造成了大量鸟类的出生。全球变暖所导致的温度上升被认为是起因。英国鸟类学基金(British Trust for Ornithology，BTO)的生物学家 David Glue 说："我们已观察到 5 个灰林鸮在整个圣诞周到 1 月底期间产蛋的例子，这是异常现象，因为这些鸟一般在 3 月的第二或第三周才开始筑巢。"

他认为另外一个造成鸟类数目增加的重要因素是作为鸟类食物资源的啮齿动物的供应量增加。他称 2002 年是自 1659 年有官方记录以来第四个最热的年份。他同时也证实，由于提前筑巢，许多鸟能在同年晚期孵化另一窝蛋，一些鸟甚至在 12 月份还在孵蛋，这是极其不寻常的。

过去在英国，冬季筑巢是极其罕见的，因为气候太寒冷。但是 David Glue 说："我们可以预见，鸟类产蛋越来越早，会出现鸟类在整个冬季都筑巢的情况，这是全球变暖导致气候变化的一个反映。全球变暖增加了白天的时长，这可促使鸟类产蛋，但是当气候有异常升温，并伴随着非季节性的丰富食物供给，就会超过白天时长上升为主要因素。"

BTO 的筑巢记录计划(Nest Record Scheme)支持了 Glue 的这些结论,这些记录代表了世界上最大的筑巢历史数据库(从 1939 年以来,已收集了英国超过 120 万条独立的鸟巢历史记录)。根据 BTO 高级生态学家 Humphrey Crick 的研究,"在我们观测的 60 种鸟类中,约有 1/3 在统计上表现出显著提早产蛋的趋势。这是个说服力很强的信息,因为它来自整个国家,且不局限于单独一个研究地"。他同时也指出,相比 15 年前,现在鸟类提前 1 到 3 周产蛋。对于某些物种而言,这是一个问题,因为它们孵化的时间可能难于与它们所喜欢的特定昆虫的供应时间同步。如果食物资源(如昆虫)的生命周期及供应与鸟类的需求不一致,鸟类将会面临饿死的威胁。BTO 的科学家们同时也注意到一些来自南纬度的鸟类正向英国迁移,比如白鹭、欧洲食蜂鸟和地中海鸥,而英国常见的一些品种,如小嘴鸻和雪鹀,正离开英国向更北的地区迁移。

在英国另外一些受威胁的生态系统是私家庭院和公共花园。根据英国气候影响计划(United Kingdom Climate Impacts Programme,UKCIP)的研究,更干燥的夏季和更温暖的冬季似乎正成为主流,取代英国原有的那种凉爽和多雨的气候,正开始伤害英国那些著名的、吸引全世界游客的郁郁葱葱的草坪、鲜花盛开的灌丛、毛茸茸的玫瑰枝和藤条攀爬的葡萄园。对这种不受欢迎的变化来说,全球变暖难辞其咎。

英国有许多美丽的花园,这是理所当然的,因为英国人酷爱园艺。事实上,英国有 41%的人口(约 2 700 万人)热衷于不同方式的园艺。由于气候目前和预期的变化,更炎热和更干燥的夏季是可想而知的。这意味着在春季,植物会提早开花,冬季气候温和、降雪减少。这将会使降雨增加,从而造成洪水。花园每年向北[①]迁移 4～7 km。

夏季的干旱也对花园造成负面影响。UKCIP 的科学家 Chris West 说:"尽管我们可以影响 21 世纪晚些时候气候变化的程度,但是目前的一些气候变化是不可避免的,在往后的 50 年已成定局。我们希望人们能找出更多有关这些变化是如何影响他们的生活,并在他们未来的规划中考虑这些问题。"

3.1.7 昆虫的扩散

根据 2001 年 11 月 5 日《国家地理新闻》上的一则报道,由于全球变暖,一种特殊的蚊子 *Wyeomyia smithii* 已通过进化并适应了气候变化。俄勒冈大学

① 译者注:原文为向南,应是错误的。

的进化生物学家 William Bradshaw 发现这种对全球变化的耐受能力最快能在5年内发生。

因为冬天逐渐变得温暖，蚊子目前会推迟孵化。相比30年前的避寒习惯，北方种群已经适应了更温暖的冬季，它们在年周期中的休眠推迟。事实上，目前的休眠期比1972年已经推迟了9天。

繁殖期和休眠期的改变带来的问题，是影响了自然食物链和生态系统。如果一个系统中各组分的时间节律不能同步，那么当捕食者需要食物的时候，可能没有可供应的食物资源，这会扰乱生态系统的整个平衡。

3.1.8 野生动物

令许多人感到惊讶的是，大气甲烷的重要贡献者是牲畜。在《国家地理新闻》2002年5月13日的一篇报道中，新西兰的科学家们确定他们国家的牲畜加重了全球变暖问题。

美国伊利诺伊大学的大气科学家 Katherine Hayhoe 评论道："超过50%的温室气体释放是来自牲畜肠道发酵产生的甲烷，在这一点上新西兰是很独特的。"

肠道发酵是指牛、羊和其他动物在消化过程中产生甲烷的过程。当这些动物打嗝的时候，甲烷（CH_4）就被释放出来，而这些动物打嗝的次数也相当惊人。在新西兰，粗略估计有1 000万头牛和4 500万头羊，它们打嗝的贡献加在一起占整个国家 CH_4 释放的90%。基于美国环境保护署的研究，美国的牲畜只贡献了约2%的甲烷释放。

为了解决这个问题，新西兰的科学家们发现，通过给牲畜喂食富含浓缩单宁的草料植物，能使牲畜的 CH_4 生成量降低16%。单宁是自然产生的植物多酚，能凝固和沉淀蛋白质。它们存在于豆科饲料和其他草料中。科学家们将之视为一种降低牲畜对全球变暖问题影响的重要进展。

Michael Tavendale 是发现以上结果的科学家，他认为，"这只是个早期的发现，但却是一个令人鼓舞的消息，给我们的研究提供了新的动力，并且让新西兰农民有正面机会来控制甲烷排放。"

这个食谱同时还具有其他一些优点：它增加了牲畜的体重，增加了牛奶产量，还降低了寄生虫。我们可进行下面的比较，一个200头的奶牛群相当于24 000升汽油的"油当量"，这些汽油能驱动一辆车平均行驶20万 km。

卡特里娜与碳平衡

当2005年卡特里娜飓风肆虐新奥尔良和墨西哥湾岸区时，其破坏力不仅体现在人造建筑上，还表现在对自然环境上。基于2007年11月20日

《纽约时报》的一篇名为《卡特里娜飓风对树的破坏可能会改变碳平衡》(*Katrina's Damage to Trees May Alter Carbon Balance*)的报道,当这个世界上最具破坏性的飓风穿越墨西哥湾时,把约3亿2000万棵树连根拔起或造成严重毁坏。

美国杜兰大学的Jeffrey Q. Chambers博士在2007年11月主持了一项研究,利用飓风前后的卫星图像来确定枯枝和地面凋落物的变化。这是十分重要的研究,因为当树木存活的时候,它具有碳储存库的功能。相反,当植物死亡,碳的封存就停止了。一旦植物死亡,光合作用过程停止,有机质开始降解,其中储存的碳就被释放到大气中。碳释放得越多,全球变暖问题就变得越糟糕。

当被问及森林的再生长时,Chambers博士回答:"树木恢复其生物量所需要的时间比其损失生物量要长得多。在某些情况下,一片森林有可能从一个碳的净储存库转变为净碳源。"

未来一个十分严肃的问题是,当全球变暖加剧,更多极端气象事件将会发生,会导致树木的破坏,向大气释放更多碳,从而形成一个恶性循环。

3.1.9 一些争议性的发现

华盛顿特区的卡内基研究所和加州劳伦斯·利弗莫尔国家实验室开展了一项研究,科学家们得出的结论是,温带区域的森林实际上会加重全球变暖。他们利用复杂的模型软件来模拟森林覆盖的变化及它们对全球气候的影响,获得的结果令人十分惊讶。

卡内基研究所的Ken Caldeira评论道:"我们本希望发现美国境内生长的森林会帮助减缓全球变暖。但是如果我们不够小心,生长中的森林甚至可能会使全球变暖更糟糕。"

通过上述的研究,研究者们得出结论,因为热带森林在蒸散过程中会释放大量水分,所以热带森林会冷却环境。然而,位于温带区域的森林,不仅不能排放足够多的水分,还吸收许多太阳辐射,从而加热地球。为了阐明这个观点,在其中一次计算机模拟中,他们假设地球北纬20°以北的区域都被森林覆盖,结果发现地表气温上升超过3.6℃。在另一个重复中,当地球上的所有陆地都被森林覆盖时,气温仅上升1.2℃。

这种升温在一开始并不明显。在初始阶段,因为树木吸收CO_2,抵消了对太阳辐射的吸收,所以气候变得凉爽。但是这个效应并不会持续,而对能量的吸收却是永远持续的。随着树木成熟,它们吸收碳的能力减弱。基于这样的模拟,参与其中的科学家们总结认为,在美国,种植一片森林在几十年内给地球降温，但是从长期来看会使这个星球升温。科学家们还确定，如果目前全球植被都被森林所替代，会导致全球升温 1.4 ℃，而当被草原所替代时，会导致 0.4 ℃的降温。然而，这种状况并不适用于热带地区的森林。例如，热带雨林不仅可吸收 CO_2，还通过蒸发水分来使地球降温。

3.2 北方针叶林

两极地区是感受全球变暖影响最明显的区域，在这个区域，温度预期在 22 世纪会爬升 5～10 ℃或者更高。据估计，升温将会对生活在这里的物种造成不利影响，而且目前生活在北方针叶林中 24 %～40 %的物种会消失。

简言之，生活在温带区域的物种会向北迁移以寻找更凉爽的气候，这会挤占生活在北部区域的物种。今天的温带森林物种和草地物种将会入侵现在的北方针叶林。基于 IPCC 的研究，当北方针叶林植被被挤出原有区域，它将会在 22 世纪向两极迁移 300～500 km。这个证据可以在加拿大西部找到，在那里植物带已经开始向极地迁移(图 3.5)。

图 3.5 北方针叶林为多种动物，如北美驯鹿，提供了栖息地。全球变暖使得其他生态系统向北迁移以寻找凉爽的气候条件，这将排挤北方针叶林，使其面积收缩(National Park Service)

迁移的植被将会面临几个主要的挑战。首先，冻原区域土壤并不肥沃，并不有利于高密度植被或树木生长。基于 IPCC 的研究，冻原区缺乏定殖所需的生物区(biota)。具体物种种子的扩散速率和迁移耐受范围也是重要的决定因素，这些因素可能会阻止树木在全球变暖所限定的迁移速率下存活。比如，白云杉在 100 年内能迁移 100～200 km，而欧洲赤松每 100 年才能迁移 4～8 km。基于绿色和平组织的 A. Solomom 和 K. Jardine 的研究，通过种子的自然扩散，物种成功迁移的平均速率为每 100 年 25 km，而全球变暖速率是其 10 倍。

其他一些因素也会损害物种迁移，如生境破碎化(小的分散的集群代替了一个大的完整单元)及与耐受性更强的物种的竞争。当温度变化，它也可能会影响种子产生的时间节律和速率，这会影响树木的生长和强度。那些只有有限的扩散机制的树木也会深受其害。例如，相比那些种子落在母体周围的树木，那些可通过风进行长距离扩散种子的树木其存活几率会更高。

适应较大温度变化范围的能力也将起到重要作用。那些只能忍受较狭窄温度幅的植物更易灭绝。IPCC 称，当极地区域附近只升温 2 ℃时，物种组成就会发生剧烈变化，而且生境也会丢失，接着物种丰富度开始降低，最终损害生态系统运行的能力。他们警告，当生境面积减少，生活在大盆地北部山脉范围 10 %～50 %的动物将会消失。

基于加拿大自然资源署的观测，在 20 世纪中，加拿大的平均温度上升了 1 ℃，这已对植被造成了不利影响。在中高纬度(北纬 45°～70°)，植物生长速率和生长季长度已经增加了。在加拿大西部的部分地区，随温度上升，降雨已经减少，这已影响到一些树木如白杨的生长。在亚伯达，白杨现在的开花时间相比 100 年前提早了 26 天。

对于较温暖气候下的北方针叶林，另一个主要关注的事项是昆虫侵袭。一般在温带森林中能找到的昆虫，如山松甲虫，会随森林一起向北迁移，继续侵害森林。

当温度上升，会造成干旱状况。当干旱发生时，野火发生的概率会增加。在过去 40 年中，已经形成了这样一个趋势，当气候变得温暖，野火就会变得更加频繁，而且烧毁更多的区域。这个总体趋势已经在加州南部、加拿大和俄罗斯的寒带区域被观测到。当全球变暖继续，火灾季节延长、干旱加重及雷暴更频繁，这会导致火灾季节的问题变得更棘手。

一些森林物种确实通过火来扩散种子，这有助于它们的迁移，燃烧过的凋落物会向土壤补充营养物，但是随着时间流逝，野火的重复发生会分隔已经定殖的植被，使它们更难迁移。此外，当老龄的树木被焚烧，它们会向大气释放碳，当幼龄的树木占据这些被焚烧的区域，刚开始的碳储存能力会相对较弱。

3.3 热带雨林

世界上的热带森林生态系统对类似过度放牧、砍伐、耕作和焚烧等干扰十分敏感(图 3.6)。随着全球变暖，将自然生态系统转化为农业用地和砍伐，是现今热带雨林所面临的最大威胁。基于联合国粮农组织(Food and Agriculture Organization of the United Nations，FAO)的调查，每隔几年有相当于爱尔兰岛或南加州面积大小的热带雨林被用做以上的用途。与发达国家相比，发展中国家所受的影响更甚。不幸的是，开垦热带雨林获得食物，或者将土地变卖给伐木公司来获得所需的收入一般被认为是理所当然的事情。

图 3.6 在马来西亚的热带雨林里，植被茂密。因为根系没有向土壤深处延伸，较高的树木需要额外的支撑根系来帮助它们站立(Rhett Butler，Mongabay. com)

3.3.1 植物迁移和森林砍伐

基于巴西国家空间研究所的 José Antonio Marengo 的研究，如果现在不强调全球变暖问题，那么它将会对热带雨林造成不利影响(图 3.7)。热带雨林地区降雨量将会减少，以及更高的温度，这足够将亚马孙这个世界上现存最大的热带雨林在 21 世纪末转变成萨瓦纳(热带稀树草原)。亚马孙森林覆盖了巴西国土近 60%的面积，拥有全球 1/5 的淡水资源，是世界上近 30%的动植物的家园。José Marengo 参与了一个研究，主要集中于探讨以下两种情况：

图 3.7 热带雨林是众多的野生动物的家园。马来西亚的长尾猕猴正在树木高处荡秋千(Rhett Butler，Mongabay. com)

(1) 如果没有行动来减缓或者制止全球变暖或森林采伐，到 2100 年温度会上升 5～8 ℃，降雨会减少 15%～20%。在这种情景下，亚马孙森林会转变成萨瓦纳。

(2) 如果现在采取行动来减缓全球变暖，到 2100 年温度最多会上升 3～5 ℃，降雨会减少 5%～15%。

Marengo 强调："如果污染能够得到控制，森林采伐减少，那么到 2100 年，温度会上升 5 ℃。在这种情景下，热带雨林不会达到完全崩溃的地步。" Marengo 同时也说，对于未来，他是乐观的，最坏的情况是可以避免的，但是这需要工业国家做出很大的努力来降低温室气体，如 CO_2 的排放。

目前两位科学家正在用卫星技术监测热带雨林的早期干旱状况。供职于伍兹霍尔研究中心的生态学家 Dan Nepstad，和供职于卡内基研究所与斯坦福大学的 Greg Anser 在亚马孙森林联合开展干旱模拟实验。

Dan Nepstad 认为，热带雨林的东南部分在数月内只有较少或者干脆没有降水，树木通过把主根延伸到 20 m 深处吸取地下水来存活。极端厄尔尼诺事件可以造成类似干旱的情形，Nepstad 和 Asner 最关注的是全球变暖会给热带雨林带来持续时间更长及更严重的干旱。除了厄尔尼诺，他们同时也证明大规模的森林采伐和生物量焚烧会危及云的形成和降雨，从而促进干旱的发生。

因此，他们的目标是向空间寻求答案。他们利用卫星图像展开了研究，以确定受干旱胁迫森林的准确信号。如果卫星图像能够在人眼感知之前发现植物的胁迫迹象，那么这对农民、农场经营者、木材运营商、火灾管理者、土地管理者和自然保护主义者来说非常有用。在造成显著破坏及土地极端退化之前，应该采取积极的行动。

通过他们的努力，1996 年开始了世界上最大的国际合作科研项目"巴西亚马孙大规模生物圈-大气实验"的研究，旨在研究亚马孙森林和大气及气候之间的相互作用。如今，他们集中于研究如何利用卫星图像来监测森林生态系统、干旱和全球变暖逐渐增加的效应。

不幸的是，世界上的很多热带雨林正被加速砍伐，用于农业、牧场、矿产和木材(图 3.8 与图 3.9)。当这些森林被砍倒或焚烧，巨量 CO_2 重返大气。热带雨林采伐相当于年人为活动向大气排放 CO_2 的 20%。在应对全球变暖所带来的挑战时，热带雨林采伐也成了一个重要问题。

3.3.2 对野生动物的影响

在热带雨林中，鹦鹉是受到全球变暖不利影响的物种。黑脸情侣鹦鹉(*Agapornia nigrigenis*)是在赞比亚发现的一种非洲鹦鹉，它已经感受到了全球变暖的热度。这种鹦鹉只生存于赞比亚很小的一块区域内，这里每年只有一个雨季，从 11 月到次年的 4 月，其余时间都是旱季。这种情侣鹦鹉的存活取决于新鲜、独立的水供应。在这个区域本来水资源就十分宝贵，随着全球变暖的加剧，情侣鹦鹉很可能难以适应这种状况。一般而言，一个物种其地理栖息地越小,其生态位越特殊,其适应气候变化的可能性就越低(图 3.10)。

图 3.8 热带雨林拥有丰富的植物物种,其中很多到现在都没被研究过。现在很多用于治愈严重疾病的药材都来自热带雨林。研究这些热带区域茂密的森林的科学家们使用吊桥来作为步行道,图中所示的是在马来西亚的吊桥,从一个树木冠层到另一个树木冠层(Rhett Butler,Mongabay.com)

图 3.9 森林砍伐是一个大问题,而且已经变得十分普遍,因此森林与全球变暖的关系不能被忽视。这种随着森林砍伐所导致的巨大的侵蚀特征被称做水蚀孔穴[①]。我们必须合理管理世界上的热带雨林来避免这种环境灾害(Rhett Butler,Mongabay.com)

① 译者注:lavaka,马达加斯加语。受到水的侵蚀(包括森林砍伐导致的水土流失等人为影响),数月时间在地上或地下形成的孔、洞、沟等结构,可能诱发次生地质灾害。

图 3.10 热带雨林的冠层是多层的，在每一层都生活着很多野生动物，如生活在秘鲁 Tambopata 国家保护区的巨嘴鸟(Rhett Butler，Mongabay. com)

图 3.11 由于干旱，澳大利亚的鹦鹉正在消失。从 2003 年开始，野外几千万的鹦鹉已经丧生。在美国，圈养在笼中的鹦鹉一般被认为是长尾小鹦鹉，而且因为它们婉转的鸣叫，十分受欢迎(Nature’s Images)

目前澳大利亚有三种鸟类的生存在全球变暖条件下变得十分脆弱(图 3.11)。濒危的金肩鹦鹉(*Psephotus chrysopterygius*)正受到野火的威胁；生存在滨海区域，其种群大小只有 200 左右的橙腹鹦鹉(*Neophema chysogaster*)，正受到海平面上升所导致的滨海盐沼水淹威胁；虎皮鹦鹉(*Melopsittacus undulates*)，在澳洲经历的一个多世纪以来最严重的干旱中，面临繁育困难，而数亿虎皮鹦鹉在 2003 年的强干旱时期死亡。

南美的绿腰小鹦鹉(*Forpus passerinus*)面临降雨变化的威胁。过多和过少的降雨都会影响其筑巢。在拉尼娜现象带来的干旱期间，巴塔哥尼亚的穴居鹦鹉(*Cyanoliseus patagonus*)的残存幼鸟的死亡概率非常高，即使那些存活下来的也是发育不良。在哥斯达黎加，山区种群的生存范围都在往上移动。

在热带雨林仅仅增温 1 ℃，就会影响鸟类的产蛋时间、叶片和果实的出现、病害类型以及河水流量。Steve Boyes 是一位非洲鹦鹉研究者，他警告，全球变暖正在造成生态学上的不平衡，虽然物种正在对此做出反应，但是不可能随之进化。过去，鹦鹉根据富含高蛋白食物来源的周期来决定繁殖时间，但是全球变暖改变了植物开花和结果的时间，繁殖季节会被调整到一年中不适合筑巢的时间。

作为野生生物物种中的一个类别，鹦鹉属于最濒危的鸟类。目前，31%的热带雨林物种已在灭绝的边缘。根据《鸟语》(*BirdTalk*)杂志的一篇报道，国际自然保护联盟(International Union for Conservation of Nature,IUCN)目前正在评价气候变化对物种的影响,他们试图了解如何处理面临危险的物种,目前只是简单地将它们列入 IUCN 濒危物种红色名单。虽然全球变暖对地球生态系统的影响在某些情况下需要几年后才能得以体现,IUCN 还是强调从现在开始就采取行动的重要性。

3.4 适　　应

鉴于全球森林如温带森林、北方针叶林和热带雨林可能受全球变暖的影响,现在着眼考虑适应策略是十分重要的。WWF 提出了以下可行的适应策略来降低全球变暖和气候变化对森林生态系统的威胁:

- 降低目前可能破坏生态系统的威胁,如退化,入侵种的引入。
- 试图从景观角度来综合考虑大面积的土地管理。关注组成大尺度区域的所有组分,规划不同物种的适应迁移,为需要更多关注的敏感脆弱的区域设计特殊计划以及规划未来潜在的生境需求。
- 提供缓冲区和土地利用的灵活性。鉴于物种会响应全球变暖而发生迁移,该区域必须能容纳这些迁移。当保护区内部的情况不适合物种生存并产生迁移时,缓冲区就起到了维持保护区边缘的作用。
- 保护成熟森林。成熟的树木更能够抵挡大尺度的环境变化,从而为其他物种提供一个安全生境,使之在生境内适应这种变化。
- 维持地区的自然火灾情况。不同的生态系统有不同的火生态(fire ecology):一些低生物多样性的森林不能承受火灾,而一些允许火灾发生的森林,火灾也会破坏生物多样性。因此,针对每个地区应设立特定的火灾管理计划。合理的规划能降低火灾的强度和扩散及影响。
- 我们必须积极管理害虫。因为全球变暖与昆虫、病害、外来物种的入侵相关,健康的管理实践必须设置到位以保护森林。有计划的焚烧和非化学杀虫剂的使用是控制昆虫感染的两个方法。根据加拿大自然资源署的研究,杆状病毒(baculoviruses)能被用于攻击害虫,如云杉食心虫,而不影响环境的其他部分。

不同地理区域的森林需要不同的监测、规划和保护策略。但是不管森林的类型是什么,位于哪个区域,森林都在地球对气候的自然响应中扮演重要角色,我们必须了解人类与森林的独特关联,以及我们作为土地管理者的责任。

(郭海强、赵斌 译)

第 4 章

全球变暖对草型生态系统的影响[①]

天然草原覆盖了大约 1/4 的全球陆地面积，是世界植被的重要组成部分。正因为草原如此广袤，如果全球变暖使它们发生变化，将会对全球主要的生态系统造成严重影响。天然草原的分布范围和健康状况通常受降雨和火的控制。这两个因素限制了草原的分布，而且我们已经知道，随着全球变暖加剧，野火发生将增加，某些地方的降雨量也将减少。

全球变暖让世界草原面临严峻的考验。草原区域为人类提供粮食，为牛羊提供牧场，并为野生动植物（如马、美洲野牛、鹿、大角鹿、长颈鹿、斑马、袋鼠、美洲豹、大象）提供栖息地，而且在碳封存以及维持大自然的整体健康和生态平衡中也发挥着重要作用。如果没有草原，生态系统将失去平衡并伴随其他不良后果。本章将讨论草原生态系统的重要性，探讨它们在维护全球生态系统健康中所扮演的角色，以及随着地球大气的持续增温，全球变暖对草原的影响。本章将首先探讨科学家们在一些草原生态系统中所发现的生态异常现象。接着，本章将围绕一些特定的草原地区，探讨适应这个变暖世界的建议选择。草原是重要的生态区域，如果我们能理解它们的重要性并从现在开始就采取行动，将有助于减少未来灾难的发生。

---

① 译者注：原题目是 Impacts to Rangelands, Grasslands, and Prairies。从字面上翻译，rangelands 是“牧场”的意思，grasslands 是泛指“草地”，也含“草原”的意思，但规模较小，而 prairie 一般是指较大的草原，尤其是北美洲的大草原。本译本中统一为“草型生态系统”。其他一些与草型生态系统相关的英语词汇包括：steppe（蒙古高原草原和欧洲中部草原），pampas（南美洲草原），savanna（非洲、印度、澳洲热带稀树草原），vold（非洲草原）。草原的含义有广义与狭义之分。广义的草原包括在较干旱环境下形成的以草本植物为主的植被，主要包括两大类型：热带草原（热带稀树草原）和温带草原；狭义的草原（steppe）则只包括温带草原，因为热带草原上有相当多的树木。

4.1 草原的重要性

在地球上，草原的优势植物为禾本草本和非禾本草本植物（grass and forbs），以及一些木本植物。而草原的优势动物是那些到处觅食的草本动物。草原可以分为温带草原与热带草原。北美大平原（the Great Plains of North America）是一个温带草原的例子。与农业耕地不同，草原拥有非常高的物种多样性，并且受气候影响自然进化和发展了数百万年。而农业耕地因为只集中种植少数选择的物种（例如小麦），因此其生物多样性较低。

草原对于碳储存也非常重要。在森林中，碳主要储存在木本植物、草本植物及土壤表层有机物中，而在草原中，碳主要存储在土壤中。随着人类社会的发展，地球上绝大部分适合农业生产的草地都已被开发。据联合国粮农组织估计，全世界约有 13 亿 hm^2 草原，其中将近 70%已经退化了，而退化主要是由过度放牧造成的。

温带草原分别分布在北回归线（北纬 23.5°）以北及南回归线（南纬 23.5°）以南。四个主要温带草原（依据它们的地理位置命名）分别是：北美大平原（plains）、非洲草原（veldts）、欧亚草原（steppes）和南美潘帕斯草原（pampas）。这些区域受到干旱、野火和放牧的限制，因此草本植物占优势，只存在少量木本植物。

草原中，木本植物比如杨树、橡树和柳树，由于需要较多的水源供应，主要生长在河谷两岸。最常见的草包括野牛草（buffalo grass）、紫色针茅草（purple needle grass）、蓝色格兰马草（blue grama）和一种饲料草（galleta）。温带草原的土壤富含营养，这是致密的深根生长和降解的结果。事实上，世界上一些最肥沃的土壤就存在于草原中，这包括美国东部大草原、俄罗斯和乌克兰的干草原以及南美洲草原。

热带草原分布在地球赤道附近，南北回归线之间，包括非洲、澳大利亚、印度以及南美洲草原。在以上这些景观中，高草是优势物种，一些高草甚至能够达到 1～2 m。这些区域受热带干湿季气候影响，常年炎热，温度一直高于 18 ℃，大部分时间都处于干旱，仅在雨季会有暴雨，降雨量可达 51～127 cm/a。在全球变暖状况下，热带草原面临的一个最大威胁就是沙漠化。

根据政府间气候变化专门委员会（Intergovernmental Panel on Climate Change，IPCC）的研究，草原的结构和功能使其成为全球气候变化中最为脆弱的陆地生态系统之一。草原易受外来种入侵影响（例如旱雀草）。随着全球变暖导致温度升高和降水减少，草原面临干旱胁迫，因而更易遭受野火的影响。一旦野火发生，草原就面临进一步的生态系统和栖息地破坏的危险。野火发生后，本地种通常难于恢复，因为它们必须与那些更强健、更具有侵略性的入侵种进行竞争。例如，在美国西南部，一个常见问题是在野火过后的植被再生阶段，旱雀草迅速取代本地物种。另外，全球变暖还会使草原土壤中的碳、氮含量逐渐减少，不利于再生植被的健康生长。

根据《科学日报》(*Science Daily*) 2001 年 1 月 15 日的一篇文章，科学家已经做了相关实验以确定草原有潜力构成多大的碳库。胡水金博士是美国北卡罗来纳州大学植物病理学助理教授，他参加的一个研究表明，当大气中的 CO_2 浓度增加时，草原能够表现为碳库。在研究中，他发现草原实际上把碳封存于土壤中。土壤微生物响应碳和氮的变化，而实际上当大气中 CO_2 浓度增加时，土壤会存储过量的碳。当植物从大气中吸收的 CO_2 量要大于微生物分解植物材料所产生的量时，就会产生碳封存。

在这个研究中，胡水金博士与阿拉斯加大学的 F. Stuart Chapin III 博士、华盛顿大学卡内基研究院的 Christopher B. Field 博士、斯坦福大学的 Harold A. Mooney 博士一起，针对在加州斯坦福大学贾斯珀脊(Jasper Ridge)生物保护区的一个研究地展开了五年的研究。从 1992 年到 1997 年，他们采用了两块实验样地，其中一个样地维持现有的大气 CO_2 浓度(360 ppm)，另一个则维持在现有浓度的两倍(720 ppm)。胡水金博士解释说："其他科学家曾提出当大气 CO_2 浓度升高时，草原能够表现为碳库。"他们的研究显示，草原土壤能够封存碳，并且在 CO_2 浓度升高的情况下，土壤碳库有上升的趋势。

在实验后期，他们发现，从接受双倍于现今大气 CO_2 浓度处理的实验样地采集的土芯样本存储了更多的碳。他们的结果揭示了草原中一个非常有趣的关系：当大气中 CO_2 浓度升高时，草原植物生长更快，将消耗土壤中的氮。氮消耗会导致土壤微生物受氮限制，从而降低它们分解枯死植物材料的能力(这个过程会向大气释放 CO_2)。然而，似乎存在一个转折点，在这个点上碳积累量最大。一旦达到该转折点，氮的缺乏会限制更多植物的生长。胡水金博士的结论是："从长期来讲，相比于一年生的草原，森林是一个更具潜力的碳库，因为树木可以将碳储存在地上部分生物量中。"然而，草原确实在碳存储中扮演着重要角色。

4.2 全球变暖的影响

根据 IPCC 的资料，大气环流模型(GCMs)预测草原生态系统将会经历气候变化，比如白天的最高气温更高，夜间的最低气温更低，以及降雨更加频繁。实际上，最近有关全球变暖过程的研究揭示了一个令人惊讶的情况，白天的高温不成问题，而夜间的高温会引起一系列问题。在晚冬和早春，这种状况最为明显。相比于20年前,夜间高温已经被提高到可改变整个气温格局,并导致最终霜冻日期平均提早了两周。此外,现在的本地草本植物萌发更晚。入侵草原多年的入侵植物和有害植物相比本地种更早萌发,吸收土壤里的水分并消耗那些本应被本地种利用的营养物质。此外,在许多草原上都存在放牧活动,而放牧的动物一般不吃杂草,这个问题与入侵物种交错在一起。

根据IPCC的研究结果,世界上那些降雨量预期增加的草原,例如美国西部的草原,不会面临因缺水和高温而导致的干旱,但是会受到加速的营养循环的影响,这反过来可能有利于更多入侵物种的扩张。大气环流模型预测那些炎热的沙漠草原,如澳大利亚的草原以及美国和墨西哥索诺兰沙漠(the Sonoran Desert)及奇瓦瓦沙漠(the Chihuahua Desert)中的草原,将经历更加频繁的强降雨与骤发洪水。这些草原预计将遭受更加严重的土壤侵蚀和营养流失。因此,那些已经遭受其他干扰(如沙漠化和野火)影响的草原生态系统,将会受到全球变暖更加严重的影响,生存更加艰难。

美国农业部农业研究所(Agricultural Research Service,ARS)和科罗拉多州立大学在2007年5月30日开展的一个研究确定全球变暖会降低草原质量。根据他们的发现,大气中CO_2含量和温度的升高一开始可能会增加植物生产量,但最终将导致土壤中碳和氮的减少。这是摆在农场主面前的一个严峻问题,因为食草的牛羊在食物消化过程中需要富氮植物的参与。这个研究确定,如果草原质量受到负面影响,则不仅会损害家畜,也会损害在这里摄食了数世纪的本地野生动物(图4.1)。

气候变化使草原面临很多威胁(图4.2)。持续的全球变暖可以通过降雨减

图4.1 北美水牛曾经遍布于美国广袤的草原上。现在,一些地方的北美野牛数量虽然正在开始恢复,但是如果全球变暖威胁到这些草原的健康,它们的栖息地可能被损毁(National Park Service)

图4.2 美国西部一种宝贵的自然资源就是自由流浪的野马群。寻找食物和水源有时候会成为它们的一个挑战。在干旱的年份,野马群会遭受特别沉重的打击。如果全球变暖加剧,这些野马群将会遭受更为严重的打击,它们的栖息地也会受到威胁(Kelly Rigby, Bureau of Land Management)

少边缘草原转化为沙漠的发生。沙漠化的威胁正在世界各地持续上演。人们努力寻找更多的水源以支持人口需求、农作物种植和畜牧养殖，这将使草原生态系统面临进一步的退化。

4.3 一些惊喜

斯坦福大学和卡内基研究院持续两年进行的一个研究，取得了令人惊喜的结果：某些情况下，全球变暖会使一些草原生态系统将更加湿润。他们开发的模型与其他预测全球变暖将导致草原景观更干旱的模型最终存在冲突。在这个特别的实验中，更高的温度不仅没有使土壤变得干涸，反而使其水分含量增加了 10%。加州大学圣克鲁斯分校的 Erika Zavaleta 说："我们惊讶地发现，在生长季末期[①]，也就是在晚春关键的几个星期，增温实际上增加了我们草地样地的土壤水分含量，而此时土壤水分决定着哪种植物物种占据主导地位。我们跟踪了这意料之外的水分增加问题，发现是植物自身的作用。"她补充说，"这并不意味着气候变暖对加利福尼亚州的草原是有利的，而是强调了我们必须关注动植物如何调节气候变暖影响的重要性。"

研究人员的结论是：当植物停止代谢，水分就会被捕获在土壤里面。在这个两年的实验中，研究人员对测试草地样地采取了增温和增加 CO_2 浓度处理。研究人员惊讶地发现，每一个接受增温处理的样地的土壤水分含量都有所增加，而那些暴露于较高 CO_2 浓度水平的样地，土壤水分含量也增加。

研究人员说："无论是在现在的大气 CO_2 浓度水平下，还是在提高的 CO_2 浓度水平下，模拟增温都使春季土壤水分含量增加了 5% ～10%。在其他一些地面实验中，也显示 CO_2 浓度升高会增加土壤水分含量，但是气温升高增加土壤水分含量的结果之前并没有被报道过。"

斯坦福大学生物科学系教授和斯坦福大学全球生态学系卡内基研究院主任 Christopher Field，也是本研究的合作者，他说："越来越多的知识告诉我们，植物能够在全球变暖中扮演重要的角色，这项研究增强了我们的这种认识。"

这个实验的结果并不是科学家们原本预期的。他们预期，升高的温度将导致蒸散增加，使土壤和植物表面丢失更多的水分。在研究区，他们确定土壤水分经由植物蒸发。重要的是，增温起初会导致很多草本植物和野花夭折，有些实验样地损失了 17%的初始绿色植被。研究人员相信，正是这些草本植物的过早死亡，引起了土壤水分含量的非预期增加。Zavaleta 博士说："模拟的全球变暖加速了实验样地优势草本的死亡，为后来的其他植物留下了稍多的土壤水分。"

---

① 译者注：原著可能弄错了，应该是生长季早期。

科学家们接受了这个异常现象，并且把它应用到世界上的其他区域。特别需要指出的是，从这个测试样地获得的一些认识可以应用到地中海类型的生态系统中，因为它们经历相似的生长季节动态。这提出了一种可能性，即这些区域会以相同的方式响应全球变暖，这使得管理者必须针对这种不同的结果（土壤水分含量增加而不是降低）来制定长期管理策略。

4.4 世界各地草原

根据法国国家农业研究所（French National Institute for Agricultural Research INRA）发布的一则新闻，由 Jean-François Soussana 主持的欧洲绿草（European GreenGrass）项目研究表明，生产力最低的草原（那些最靠近山脉或在高纬度地区的草原）与那些在平原中具有更高生产力的草原相比，会储存更少的碳。然而，生产力高的草原会经历更加频繁的放牧活动，因而释放更多的甲烷（CH_4）和氧化亚氮（N_2O），使它们更容易受到全球变暖的影响。他们得出的结论是，这些草原表现为一个中等碳汇。

在 2003 年夏季，欧洲经历了一场极端热浪的袭击，这给科学家提供了少有的机会来研究这种极端气候的影响并开展测量。在那个夏季，温度相比正常水平增加了 6 ℃，而降雨量则比欧洲自 1850 年以来的平均水平降低了一半。因此，那个夏季的温度模拟了长期全球变暖预期下的温度状况。

法国国家科学研究中心环境与气候科学实验室的 Philippe Ciais 领导进行了一个量化草原碳储量以及气体排放的研究。该研究发现，2003 年的热浪袭击使整个欧洲生态系统的净碳储量减少了 4.54 亿 t，这与法国这样大小的国家 3 年所排放的温室气体量相当。此研究还阐明，全球变暖能自我加速。通过降低生态系统的碳汇功能，温室效应加速并且导致升温加速。不过，Philippe Ciais 也指出，研究中仍存在许多不确定性，需要进一步研究。

对北美以及那里的草地而言，类干旱状况（droughtlike）的出现已经不再是新鲜事。在经历 19 世纪 30 年代沙尘暴时代之后，北美大平原的多数地区都遭受了极端干旱，其他地区则偶尔被影响到，如在过去 5 年中，美国西南地区也遭遇干旱影响。2000 年夏季，严重干旱甚至影响了美国东南部的一些州（佐治亚州与阿拉巴马州），得克萨斯州大部分地区在那年夏季连续 67 天未曾降雨。

根据美国国家航空航天局（National Aeronautics and Space Administration，NASA）的资料，随着全球变暖加速以及温度的持续上升，各地区都可能经历更多极端干旱事件。严重干旱会导致农作物死亡，使表层土壤变干并被风带走，使湖泊和其他淡水水体蒸发，让所有东西看起来像被烤干一样（图 4.3 和图 4.4）。当前的研究集中于在干旱发生前预测其起始发生的周、月份、甚至是年份的能力，以便采取合适的措施来适应更加温暖的环境条件。

图 4.3 遭受干旱影响的草地变得十分干燥，容易发生野火。无论是闪电或人类引起的火，都会迅速蔓延，常常吞噬整个山坡。7 月份与 8 月份是最为危险的时候。犹他州这两个标语提醒人们在 7 月份的狂欢庆典中，不要燃放烟火并且记得储备水(Nature's Images)

牧场(rangelands)覆盖约 50%的世界陆地表面，而且从生态学的角度来看，它们与森林一样重要。不过，牧场也同样面临退化和破坏的威胁。牧场可能在缓冲全球变暖的影响中起着非常重要的作用。这些牧场被用来放牧牛羊(图4.5)，也被一些研究全球变暖的科学家们视为碳汇。加州大学戴维斯分校领导的一个国际研究组着重研究亚洲中部的牧场，以确定它们是否为碳汇。戴维斯分校小型反刍动物/全球家畜合作研究项目主任 Montague Demment 说："进行合理管理的牧场对于全球气候的稳定具有与保护热带雨林同等的作用。我们可能很容易发现，在美国以及全球，保护和恢复牧场，对全球'碳收支'具有非常重要的影响，这是减缓全球变暖的关键因素。"

图 4.4 孟加拉虎是一个濒临灭绝的物种。随着全球变暖持续，干扰和海平面上升使孟加拉虎赖以生存的淡水资源受到污染，这种高贵的猫科动物的栖息地正在丧失(NOAA)

该研究组着眼于研究亚洲的 2.62 亿 hm^2 牧场，以确定如何将它们恢复为健康的、高生产力的、能正常运行的草原。如果能达到这个目标，研究组相信这些草原能够储存足够的碳，这将相当于减少全俄罗斯 30%的碳排放量。同时，研究组也给出了可怕的警告，如果草原不能得到恢复，如果这些牧场由于农耕和城市开发而退化，大量的 CO_2 将会被释放到大气中。牧场为生态系统健康提供至关重要的功能，这包括：

图 4.5 美国草原最常见用途之一，尤其在西南部，是放牧牛群。随着气候变暖以及环境变得更加干燥，干旱状况变得平常，土地因过度放牧不堪重负。很多牧场将会经历沙漠化，这是一个将土地退化为不具生产力的荒地的过程(Keith Weller, Agricultural Research Service)

- 保护脆弱的土壤
- 储存大量 CO_2
- 提供动植物栖息地
- 作为大河流系统的流域(watershed)
- 提供娱乐休闲机会
- 提供野生生物保护区
- 保持大气质量
- 净化空气和水
- 为植物保持营养
- 提供药用植物
- 提供木材
- 为现存农作物和牧草提供新的、野生亲缘种
- 为家畜提供食物
- 提供生物燃料源物质
- 提供制作衣物所需的纤维(棉花、羊毛、皮革、大麻、亚麻、羊绒)
- 提供工业产品(蜡类、染料、植物油脂)
- 提供食用油(动植物油脂)

虽然有关草原和牧场的健康和破坏的新闻并不如有关热带雨林破坏的新闻那么常见，但是它们的确由于全球变暖以及人类的干扰，处于危险之中。它们不仅面临退化，而且面临沙漠化问题(图 4.6)。此外，根据预测，全球草原也将会向北迁移，使美国中部富饶的农场向北迁移到加拿大，农作物生产将会更具风险和更加艰难。随着农业区迁移，将无法保证土壤有利于大规模的农作物生长以提供全球所需的粮食。到 2050 年，气候将变得很不稳定，以至于全世界

粮食生产将降低50%。

图 4.6 草原也是饲养羊群的重要场所。新墨西哥州一个纳瓦霍人部落的妇女维护她的羊群并使用羊毛编织漂亮的毛毯。如果全球变暖持续，牧场将变成毫无生产力的沙漠，将会摧毁很多依靠土地生存的人的经济前途（Ken Hammond, United States Department of Agriculture）

4.5 适　　应

随着气候改变，对于土地管理者而言，适应这种改变并用负责任的方式来管理土地将变得十分重要。全球变暖所带来的最大问题之一是入侵种对草原本地种群入侵的威胁。物种入侵可以通过牲畜、越野车辆、巡逻人员、道路维护人员以及户外旅行者携带种子传播。为了防止外来种入侵，必须在它们建群前及时处理，因而土地管理者必须制定适当的管理计划来应对这些改变。

草原恢复在世界上很多地区，例如澳大利亚、美国加利福尼亚州，以及美国西部山区都是当务之急。恢复措施可包括：进行有控制的火烧（人为放火烧掉干燥的易燃有机物），让自然火烧发生，不放牧家畜，移除入侵物种，复播本地物种等。有关草原恢复的研究目前才刚刚起步，面对气候变化，有必要通过不断试错的交互学习途径来建立新的平衡，从而成功恢复和维持全球草原的组成和结构。

（阳祖涛、赵斌、郭海强 译）

第5章

全球变暖对极地生态系统的影响

全球变暖的影响在地球两极最强烈。在过去一个世纪(20世纪),两极的一些区域气温已上升了2.4℃,而全球气温同期平均上升幅度仅为0.6℃。极地生态系统的天气非常严酷,为维持平衡,气候的任何一个微小变化,都会引发生态系统的响应。由于这种敏感性,极地将是地球上首先出现全球变暖征兆(如冰川加速融化)的区域。

本章将为读者展现北极和南极的生态系统,并探讨正在发生的全球变暖所产生的影响。本章也提出了一些有关适应的可能策略。尽管极地相当偏远,也不适合人类聚居,但了解这些区域正在发生的变化却十分必要,因为极地区域的任何变化将直接影响世界上所有的滨海城市,其变化对整个地球生态都至关重要。因此,深入了解极地对全球变暖的响应,能为人类提供一个预警系统,使人们提前进行应对部署。

5.1 北极生态系统

科学家预计北极气候变化将十分迅速和广泛。由于气温上升及冰川融化,北极将在22世纪发生非同一般的变化。北冰洋周边每年都有大量的海冰形成和融化,这些水对世界渔业生产非常重要,近一半的全球产量依赖于此。由于全球变暖,今天的北极正同时面临着冰川减少、海冰融化、海平面上升、野生生物栖息地丧失、永冻层融化、本地部落生活方式变化、植物生长周期改变等一系列问题。

5.1.1 冰和水

北极地区气温上升的平均速度是世界上其他地区的两倍多,冰层也因此变得越来越薄而更易破碎。位于加拿大努纳武特地区埃尔斯米尔岛(Ellesmere Island, Nunavut)北岸的沃德·亨特冰架(The Ward Hunt Ice Shelf)只是其中的一个例子。该冰架作为北极最大的整块冰川已存在 3 000 年之久。但自 2 000 年起,该冰架表面开始产生裂痕,到 2002 年,冰架一直在开裂过程中,如今已完全解体为多块。沃德·亨特冰架的解体造成的主要影响有:迫使北极熊、鲸鱼和海象改变它们的迁移及捕食方式,本地部族不得不改变他们的狩猎领域,滨海村落被淹没。

据美国地质调查局(United States Geological Survey, USGS)的地质学家 Bruce Molina 的研究,阿拉斯加的 2 000 座山谷冰川(valley glaciers),如今只剩不到 20 座体积还在增大,也就是说,阿拉斯加几乎所有的冰川都在融化。在过去 7 年中,冰川融化的速度大约是以往的 2 倍。据 Molina 说,随着小冰河时期(Little Ice Age)的终止,冰川开始退缩并持续到现在,露出了冰川湾(Glacier Bay),这也是阿拉斯加游轮旅行的热门目的地。

Molina 还指出,“具有讽刺意味的是,全球变暖不仅实现了冰川湾通航,还使之成为旅游胜地,但是随着现在越来越多的入海冰川(tidewater glaciers)退缩而露出水面,冰川湾独特的魅力已经难于独家经营了。”

美国国家海洋与大气管理局(National Oceanicand Atmospheric Administration, NOAA)的科学家们在《华盛顿邮报》(*Washington Post*)上撰文,北极冰盖的融化速度快于预期,到 2050 年北极大多数区域的冰盖很可能会减少 40%,这将给北极的野生动物种群,如北极熊、海象及其他海洋动物带来灭顶之灾。科学家们同时还预测,北极的海冰在夏季将从阿拉斯加沿岸退缩至数百英里以外的地区。尽管这在短期内有利于渔民捕鱼、开发新航线及拓展油气新采区,但对世世代代生活在这片土地上的野生动物来说将是一个巨大的灾难,并终将祸及人类自身。

IPCC 在 2001 年的报告中预测,“到 2100 年,主要的冰川将消失殆尽。”接着 IPCC 在 2007 年发表的第四次报告中重申,“若温室气体排放不发生根本改善,北极海冰将在本世纪末全部消失。”

NOAA 的海洋学家 James Overland 说:“在过去 20 年中我们所排放温室气体的总量,将存留于大气 40～50 年。我恐怕得说,未来 30～40 年,全球变暖所造成的后果大多已无法避免。”当被问及全球变暖对野生动物的影响时,他回答道:“全球变暖将对依附海冰生存的动物造成深远的影响,这包括海象、北极熊和环斑海豹。整个生态系统都会发生改变,有赢家亦有输者。蟹类、贝类、海象和北极熊将有可能被淘汰,而生活在深水区的物种,像鲑鱼类、鳕鱼类等,其活动范围反而扩大了。”

2007 年 5 月 1 号刊登在《纽约时报》(*New York*)中的一篇文章报道,气候学家们可能大大低估了全球变暖(人为排放温室气体所致)减缩北冰洋冰面的能力。科罗拉多州博尔德(Boulder)国家冰雪数据中心的研究员 Julienne Stroeve 博士发现,自 1953 年开始,北冰洋 9 月测得的冰面面积就以每 10 年缩减 7.8%的速度减少。

Stroeve 博士说:"在进入北极的暖流和不断升高的气温的共同作用下,北冰洋冰面在发生巨大的变化,这对北冰洋的海冰来说简直是一场浩劫。"

《生活科学》(LiveScience)上的另一份研究预计,到 2105 年,北极夏季将彻底无冰。这个研究同时指出,北极在过去几百万年中都被冰雪覆盖,时至今日,记录的冰川数据都显示冰川融化在不断加速。来自美国国家科学基金北极系统科学委员会的 Jonathan Overpeck 认为:"真正让北极不同于世界其他非极地区域的是土壤中的永冻层,以及海洋和陆地上万年不化的冰川。我们可以看到北极所有的冰川开始融化,可以想象,未来冰川融化的趋势将愈演愈烈,最终走向永久无冰状态。"

冰川融化和洪灾已对当地人居住的北极滨海地区(如阿拉斯加、加拿大、格陵兰岛、俄罗斯和斯堪的纳维亚)造成了影响。不仅如此,北极的冰川融化还造成了全球性的影响。当冰川融化后,太阳光不再反射回太空中,地球表面将吸收更多的太阳能。这将开启一系列连锁反应:太阳能吸收越多,导致地表温度越高,从而冰川融化越快,于是太阳能吸收得更多,地表温度上升得更高,冰川融化得愈发剧烈,周而复始。

地球变得越暖,越多的冰川会融化,将为海洋加入大量的淡水,就会扰乱整个地球的能量平衡、洋流循环模式以及生态系统平衡。一些科学家估测,到 2100 年由北极冰川融化所致的海平面上升将近 1 m。据美国环境保护署(Environmental Protection Agency, EPA)的数据,这将淹没沿北极圈及美国墨西哥湾海岸近 58 016 km^2 的土地,特别是得克萨斯、佛罗里达、北卡罗来纳和路易斯安那州。

北极气候变暖还对全球的气象模式及粮食产量造成影响。根据 NASA 某个电脑模型计算的结果,北极是向美国输入冷空气团的来源地,若北极冰川不存在的话,堪萨斯州冬天的气温将上升 2.4 ℃。没有北极带来的冷空气团,冬小麦得不到生长,土壤在夏季的干燥程度将增加 10%,这对夏小麦来说是致命的。

加拿大女王大学的 John Smol 和艾伯塔大学的 Marianne Douglas 发现,在全球变暖条件下,已存世千年的北极湖泊如今也在逐渐消失。自 1983 年到 2006 年,他们每隔几年对加拿大 40 个北极湖泊进行持续采样,发现由于水面蒸发量增大,这些生态多样性丰富的水体不断缩减,变咸。同样令人担忧的是,原本一些围绕湖泊的湿地也受到影响变得干涸,在雷暴天气下,很容易发生火灾。干涸的湿地带来的另一个负面影响是这些湿地不再是碳汇,转而成了向大气中排放 CO_2 的碳源。

据《生活科学》发表的另一篇报道称，在过去 20 年中，由于气候变暖，北极 125 个大型湖泊陆续消失。加州大学洛杉矶分校的首席研究员 Laurence Smith 认为，全球变暖是导致永冻层融化的原因，并且当永冻层融化时，没有任何措施能阻止湖水通过土壤渗透到含水层。他说，湖泊消失都是突然发生的，“从航天遥感图像可以看到，北极湖泊要么是保持原样，要么就已经消失”。

据他报道，湖泊这种突然排空可能改变整个陆地生态系统，受影响最大的是依附这些水体生存的鸟类和其他野生动物。例如，在夏季，候鸟需要依赖这些湖泊为幼鸟喂食。提及北极夏季数以千计、星罗密布的水塘、湖泊和湿地。他说：“这些湖泊的消失将是一场生态灾难。”

5.2 全球变暖对北极的影响

2005 年，覆盖北冰洋的冰盖融化后，其面积已小于保持了一个世纪之久的记录。在格陵兰岛，冰川不断融化并快速漂移到海洋中，为其注入大量淡水。北极的这些变化具有改变整个地球的能力，其严重后果之一便是冰川融化有可能打破热盐环流（thermohaline circulation）。该循环也被称为大洋输送带（great ocean conveyor belt），它带来了向北的墨西哥湾流（gulf stream）的暖咸海水，冬天释放热能，使大西洋北边变暖。这就是为什么尽管欧洲位处北部高纬度地区，但要比同纬度的其他区域温暖。该循环的过程为：洋流到达挪威海（Norwegian Sea）的最北边后，下沉再调头向南往赤道流形成一个循环回路。然而，若注入的淡水过多的话，则会打破这个循环。淡水不再下沉（因为淡水的密度比咸水低，密度高的咸水才会下沉），因此，淡水化的洋流到达该洋流的北端，将切断循环的下沉线路，从而停止全球性的热能传输，随后欧洲可能会进入冰河时代。

北极委员会（Arctic Council）是由北极圈八国（加拿大、丹麦/格陵兰岛/法罗群岛、芬兰、冰岛、挪威、俄罗斯、瑞典、美国）和六个当地居民团体组成的政府间论坛。北极监测评价项目组（Arctic Monitoring and Assessment Programme, AMAP）、北极动植物保护协会（Conservation of Arctic Flora and Fauna, CAFF）和北极国际科学委员会（International Arctic Science Committee, IASC）向这个委员会共同提交了一份关于全球变暖对北极影响的评价报告。他们认为，北极对观测到的和预测的气候变化都异常敏感，而且北极目前正面临着地球上最快和最严峻的气候变化。据报道，预计在未来 100 年，气候发生变化，全世界都将感受到北极所发生的改变。尽管其中一些变化是自然发生的，但是全球变暖这种势不可挡的趋势和模式却是由人为因素（如温室气体 CO_2 的排放）造成的。

单单从已排放的 CO_2 数据来看，几个世纪以来，大气中 CO_2 含量一直保持着上升的趋势。大多数温室气体都可以在大气中存留几十年甚至几个世纪，因此未来全球变暖的趋势已经不可避免。然而，如果现在就限制排放，未来变暖的趋势可能会减缓。

尽管一些地区显示了变暖的趋势，另一些地区显示变冷的趋势，但对于北极区，变暖趋势是十分明显的。在北极的很多区域，冬季气温上升快于夏季气温。实际上，根据北极委员会对北极气候影响的评价，在过去 50 年内，阿拉斯加和加拿大西部，冬季气温已经上升了 3～4 ℃。根据中等释放模型的模拟，在接下来的 100 年，预计陆地温度上升 3～5 ℃，海洋温度上升 7～10 ℃。

北极气候变化最主要的指标之一是海冰面积的减少。实际上，研究人员已将量化的北极海冰面积作为全球变暖的早期预警系统。北极研究中心（Arctic Research Center）的数据表明，在过去 30 年，平均海冰面积已减少了 80%，这相当于约 100 万 km^2 的面积。给出一个更形象的比较，这个面积比得克萨斯州和亚利桑那州加起来还要大。更令人担忧的是，冰川融化的速度还在加快。夏末是冰川融化最明显的季节，据估计，到 2100 年，夏末的海冰将减少 50%到完全消失（图 5.1）。

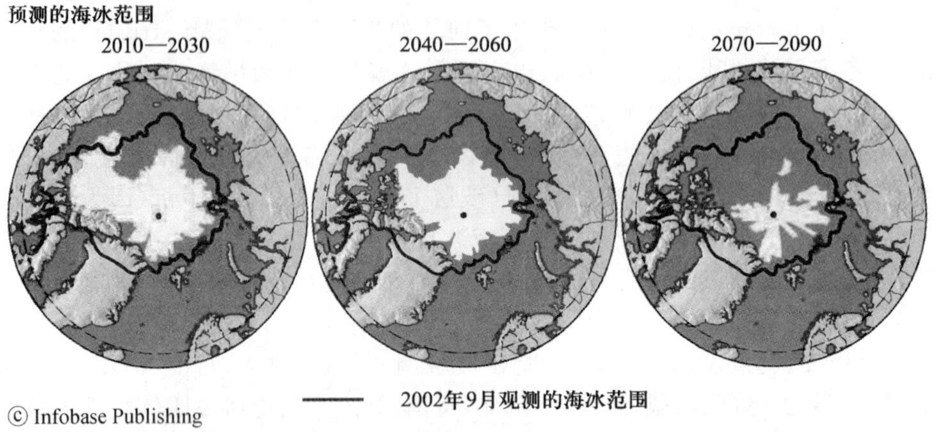

图 5.1 海冰范围未来变化预计图（灰线范围内为 2002 年实测海冰范围）。该图展现了未来三个时间段的海冰范围预测图。目前，海冰已在减少，预计将来减少得更快。这些海冰范围预测图来自 5 个气候模型。在 21 世纪，海冰不断漂移并离开北极板块。一些模型预测在 21 世纪内夏季海冰将完全消失

由于北极冰架融化，另一个主要的全球性后果是海平面上升。格陵兰岛冰架是北极最大的冰架，从 1979 年到 2002 年其表面融化面积已增加了 16%，这相当于加利福尼亚州和马萨诸塞州面积的总和。2002 年，冰架融化的总面积打破了到目前为止所有融冰面积的纪录——融冰线已到海拔 2 000 m。通过卫星

监测冰架表面及船载精密仪器测定，科学家们能够计算海拔细微的变化，从而准确估测融冰速度。自 1979 年起，卫星数据记录显示融冰速度在不断加快。数据显示融冰速度减缓的仅有 1992 年一年，原因是当年皮纳图博火山（Mount Pinatubo）的喷发。剧烈的火山喷发向大气层喷射大量火山灰，减少了能够到达地表的阳光的总量，导致当年气温偏冷（图 5.2）。

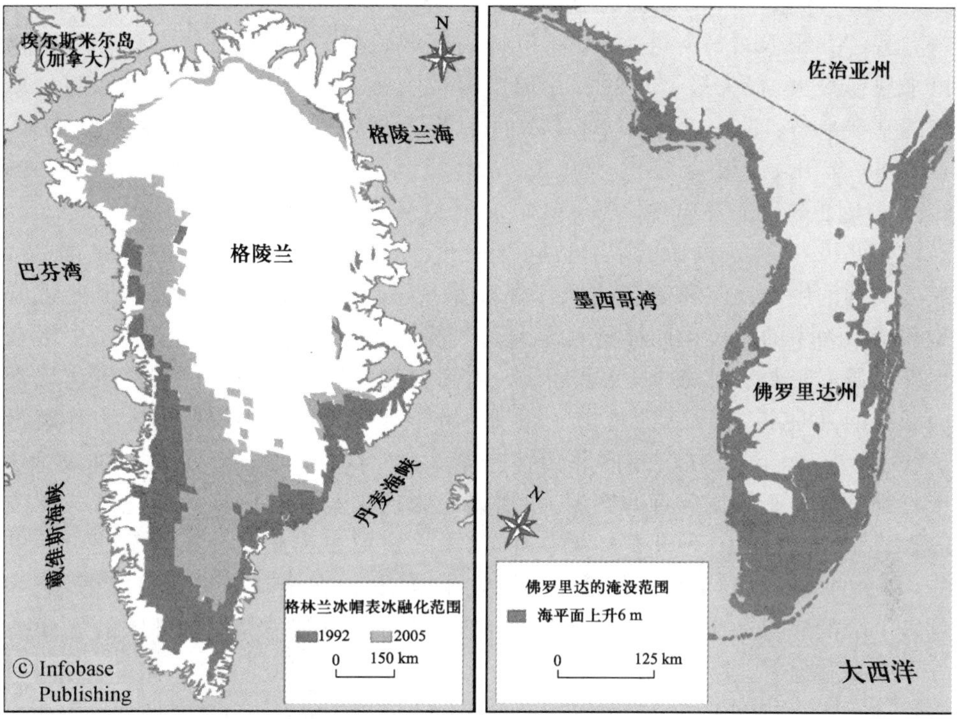

图 5.2　该图展现了格陵兰岛 1992 年与 2005 年融冰范围比较。在十多年时间里，海冰总量急剧减少，这是目前所测得的退缩最快的冰架之一。融冰导致海平面上升。佛罗里达州的地图显示在海平面上升 6 m 的情况下滨海沿岸被淹没的状况

在过去 20 年内，海平面约上升 8 cm。随着气温的升高，海平面上升的速度也在加快，影响因素主要来自两个方面：冰川融化和海水受热膨胀。预计到 2100 年全球平均海平面将上升 10～90 cm。一些气候模型预测格陵兰岛冰架完全消融后，海平面将上升 7 m。如果陆地比较平坦，在海平面上升 50 cm 的情况下，海岸线将向内陆地推进 50 m。也就是说，海平面上升将淹没大部分区域，造成严重的环境和经济影响。

全球变暖加剧，预计林火和虫害的发生频率也会相应上升。根据北美阔叶林火灾的调查数据，现在火灾面积比 1970 年增长了 2 倍多，这与该区记录的温度升高数据相吻合。例如，由于气温升高，阿拉斯加的山林大火火势强、蔓延迅

速且毁灭性大，因而每年都有来自美国本土48个州的山林消防员飞至阿拉斯加支援救火。

虫害对北极生态系统同样具有极大的杀伤力。2004年，瑞典阿比斯库(Abisko)飞蛾破坏了大量的桦树林。从1994到2002年间，在加拿大西北部的育空河流域(Yukon Territory)，树皮甲虫(spruce bark beetle)毁坏了海恩斯交界处(Haines Junction)北面的克鲁恩国家公园(Kluane National Park)的阿尔塞克河(Alsek River)河道300 000 hm^2的区域，这场虫害是加拿大森林有记录以来规模最大、损失最严重的云杉树皮甲虫灾害。在20世纪90年代，阿拉斯加的基奈半岛(Kenai Peninsula)暴发了世界上规模最大的云杉树皮甲虫灾害。自1989年开始，已有超过160万hm^2的北美云杉/卢茨云杉(Sitka/Lutz spruce)因虫害死亡率升至10%～20%。

在北极，对人类健康的影响也同样存在。农村居民由于其居住分散、稀疏，缺乏便利的生活设施和健全的医疗保障系统，受影响的风险最大，而那些以狩猎和捕鱼为生的居民也同样受到影响。气候变化迫使动物迁徙或灭亡，生活在世外桃源的土著居民将失去食物来源，面临食物短缺的问题。传染性疾病也会随动物的迁徙传播到新的地方。例如，始于非洲热带区域的西尼罗河病毒(West Nile virus)现在已经向北传播。至2002年，美国的43个州和加拿大6个省都发现了感染该病毒的案例，传播途径为蚊虫和候鸟。该病毒现已与北美多种蚊虫和超过110种北美鸟类共存，其中一些蚊虫和候鸟会迁移至北极。以往，寒冷的气候限制了蚊虫传播疾病的发生范围，但在全球变暖的情况下，这些危害巨大的病毒适应能力正大为增强，甚至能传播至北极，并在那样的气候条件下生存和繁育。

5.2.1 全球变暖对北极野生动物的影响

全球变暖对北极的许多野生动物也有负面影响。由于这里的生态系统相当脆弱，野生动物赖以生存的生境正在快速消失，正面临着灭绝的危险。绿色和平组织(Greenpeace)的许多生物学家怀疑北极的动物是否有适应气候变化的能力，他们认为北极生态系统已经不堪重负。由于北极恶劣的气候条件，相对温带和热带生态系统来说，这里的食物链长度较短且非常敏感，生态系统相当脆弱。研究表明，这就是北极不同于地球其他温带的地方：在这里，动物适应自然环境胁迫非常困难，更不用说适应人为因素导致的环境胁迫。因此，北极野生动物比其他气候带的种群更容易受人为干扰(如气候变化)影响。这种向北迁移同样有一个地理极限，冻原就是唯一一种受到气候变暖影响而无法向北迁移的主要生态系统。

来自美国气象协会(American Meteorological Society)的Robert Corell说："北极正在经历地球上最快速和最严重的气候变化，预计这些变化对区域或全球均有巨大的影响。北极正在变暖，这种变化是整个地球将要遭受气候变化的缩影。”

英国科学家们在他们的北极气候影响评价(Arctic Climate Impact Assessment，ICIA)中，通过一些计算机模型考察了海冰是如何退缩的。他们认为，到2100年至少有一半的夏季海冰会融化，甚至有些模型显示出全部海冰都将融化。这份评价表明：“一些北极动物，如依附海冰生存的海豹、海象，和以这些动物为食的当地居民，很可能需要承受毁灭性的后果。如果北冰洋夏季无冰的话，北极熊和一些海豹将会灭绝”。

5.2.1.1 北极熊

北极熊依附海冰生存。它们利用海冰来捕食海豹，利用海冰作为移动的通道。如果夏季冰块全部融化，北极熊将无处可去，也无法生存。全球变暖已使冰层变薄到危险线，融冰期也提前了两周，这缩短了母熊捕食和储存脂肪的时间，而这段时间对他们维持体力和哺育幼仔至关重要。

母熊身上已体现了全球变暖的先兆。北极熊的体重比以往要轻，幼仔的出生率和成活率也有所下降。2006年2月8号，美国鱼类和野生生物局(Fish and Wildlife Service，FWS)宣称他们将启动一个新的项目，用于评价北极熊是否需要正式列入濒危物种名录中。位于加利福尼亚约书亚树国家公园(Joshua Tree)生物多样性中心的代理人Kassie Siegel说：“这大大肯定了现今全球变暖已对北极冰川造成影响的观点。”2000年12月，该组织与绿色和平组织、自然资源保护协会(Natural Resources Defense Council，NRDC)共同要求美国政府保护世界的北极熊以免其灭绝。2007年1月9日，将北极熊加入联邦濒危物种名录的提案被正式通过。2008年5月14日，内务部前部长Dirk Kempthorne宣布，在FWS的建议下，北极熊已被列为濒危物种法案中的受胁物种(图5.3)。

图5.3 北极熊正处于一种十分艰难的境地。由于北极海冰消融后撤，北极熊正在为生存而战。缺乏冰块，北极熊没有了宝贵的捕猎场所和迁移廊道(Publitek，Inc.)

加拿大野生动物局(Canadian Wildlife Service)的一项研究发现，北极熊主要的食物为生活在哈德森海湾(Hudson Bay)冰上的斑纹海豹。由于捕猎季变短，北极熊捕食变得越来越困难。融冰期提早了三周，这大大缩短了北极熊捕猎的时间，也决定了它们在补给不足的情况下不得不重返贫瘠的土地。科学家Ian Stirling、Nicholas J. Lunn和John Iacozza的合作研究证实，由于全球变暖，北极熊正处于饥饿中。据他们说:"哈德森湾的北极熊是北极独一无二的,它们每年禁食6到8个月,这段时间的生存极大地依赖夏季捕猎所储存的能量。由于北冰洋哈德森海湾的海冰季是最短的,这些北极熊现在正在死亡线上拼命挣扎,很有可能成为海冰减少后第一批灭绝的物种。"

绿色和平组织的 Kevin Jardine 补充道:"如果我们认为气候变化离我们很遥远,那我们就大错特错了。北极熊现在正在挨饿,我们需要立刻行动起来阻止气候变化。饥饿的北极熊是气候变化的一个危险信号。"

2006年6月13日,《今日美国》(*USA Today*)刊登了一篇题为《北极熊有可能自相残杀》(*Study*: *Polar Bears May Turn to Cannibalism*)的文章。由于海冰季太短,波弗特海(Beaufort Sea)南部的北极熊将不可能获得食物,有可能演变成同类相食。2004年4月,有报道发现了第一例产仔后不久死亡的母熊,该报道谴责是全球变暖造成了北极熊挨饿的局面。

2005年2月,美国生物多样性中心(要求联邦政府将北极熊列入联邦濒危物种名录的组织之一)同样对北极熊同类相食的发生概率进行了评价,主要请愿者 Kassie Siegel 说:"同类相食说明了全球变暖对北极熊的影响,这是一条非常重要的新信息,它非常形象地展示了全球变暖对北极熊的影响以及北极熊是如何应对的。"

有关北极熊的逸闻趣事

- 北极熊会从俄罗斯缓慢迁移到阿拉斯加,再从加拿大到格陵兰,最后到挪威的斯瓦尔巴群岛(Svalbard)。
- 世界上的北极熊有2万～2.5万只,而其中大约有60%在加拿大。
- 目前,北极熊所面临的主要威胁是全球气候变暖。
- 20世纪60至70年代,北极熊所面临的最大威胁是人类的捕杀。
- 北极熊的生存还面临着环境污染、矿物开采、捕鱼以及猎杀等因素的威胁。
- 北极熊需要在冰川上捕食海豹,否则,它们将不能获得食物。
- 与20年前的资料相比,今日北极熊幼熊的存活率更低,成年雄性北极熊的体重和骨架也相对较小。
- 由于北极变暖,可能导致冰面减少以及冰面之间的水域扩大,北极熊可能很难从一块冰面游到另一块冰面。2004年,在阿拉斯加,由于水域太宽,有4只北极熊在游向对岸冰面的时候溺水而亡。由于冰面融化,冰岸向后退缩了257 km,而北极熊一般只在离岸97 km处活动,这个新的距离远远超过了它们的游程。加上恶劣的海面环境和大风的影响,北极熊根本无法到达它们的目的地。

- 北极熊是北极生态食物链中最上层的捕食者，它们的数量和分布的改变会对整个北极生态系统造成不利影响。

现在我们就应该开始计划和保护北极熊种群。

阿拉斯加保恒协会(Alaska Conservation Solutions)是一个为全球变暖提供解决方案的组织，该协会会长 Deborah Williams 说："研究表明，这就是全球变暖血淋淋的事实，它不是可口可乐的商业广告，而是全球变暖残酷的一面。"

受胁及濒危物种保护法案

在过去的 2000 年中，所记录的哺乳动物灭绝事件有一半发生在最近的 50 年里。1973 年美国国会通过并由尼克松总统签署了一项濒危物种保护法案，该法案是迄今为止世界上最全面的野生动物保护法案之一。1973 年，该法案记录了 109 种濒危物种，而现今，濒危物种名录上的数目已超过了 1000 种。

美国国会之前于 1966 年和 1969 年还颁布了其他两项相似的法案，但是这两项法案都仅仅将正在消失的野生动物物种整理成册。然而，公布受害者名单总比对缉凶一筹莫展要好。濒危物种名录的公布使这种现象发生了翻天覆地的变化。法案严禁人类设置陷阱、伤害、骚扰、毒害、致伤、捕捉、狩猎、收集、进口、出口或通过其他方式危害那些持续存在受到威胁的动物或植物。FWS 管理陆地和淡水濒危物种名录，而自然海洋渔业管理局(Natural Marine Fisheries Service)管理海洋濒危物种。

该法案保护了所有受胁及濒危物种，不管它们是否有商业价值(因人们买卖和收集需求所产生的价值)。该法案同样禁止联邦参与危害名录物种的项目，并号召保护对名录物种有重要意义的生境。为确保这些保护行动顺利进行，美国政府还为州政府及外国政府提供帮助。

基于此法案，濒危物种(endangered)是指某一物种的全部或绝大多数个体处于灭绝的危险中。受胁(threatened)种指在不久的将来极有可能成为濒危物种的种类。FWS 还收录了名为候选物种的名录。候选物种是 FWS 有充分证据表明可以提议列为濒危或受胁物种，但还未正式提议通过的物种。

该法案最终的目的是恢复物种数目，使之不再需要处于濒危物种法案保护之下。该法案提供了修复计划，详述了如何帮助某类物种恢复健康平衡的方法。公众、私人机构、研究所及科学家都可参与并协助这些修复计划的开发和执行。

瀕危物种法案使美国在濒危野生动植物国际贸易公约(International Trade in Endangered Species of Wild Fauna and Flora,CITES)中发挥了切实有效的作用。CITES是130个国家达成共识并签署的保护物种避免在国际贸易中成为濒危种或遭受灭绝的协议。

濒危物种保护法案中有一些物种保护豁免条例。例如,阿拉斯加的土著能够猎取濒危种用于食材或遮蔽物。当濒危动物危及人类生活,或因病而无法生存时,也可酌情杀死。

保护者们认为减少遗传多样性的损失是人类最大利益所在。地球上所有的生命都是极为宝贵的资源。许多物种,包括现在未知的物种,都能为未来的问题提供答案和解决之道。如果人类现在毁灭这些物种,他们将永远无法理解这些物种作为自然资源的潜力。

5.2.1.2 海象

2007年10月《探索新闻》(*Discovery News*)播出了阿拉斯加西北岸出现了成千上万只海象,对此,环保主义者认为这是"全球变暖下北极冰川融化的严重后果"。

通常,海象只生活在北极大块浮冰上,整个大陆冰架则是海象的觅食之地,但由于冰盖不断融化,现在冰架已消退远至大陆冰架北缘。海象无法再在此处获取食物,只能登陆阿拉斯加的海滩觅食。

美国海洋哺乳动物委员会(Marine Mammal Commission)的Tim Ragen对此事件说:"看来动物在尝试通过改变它们的栖息地来觅食,但这里最大的问题是它们能否在新的领地找到足够的食物。"

约有几千只海象困在离阿拉斯加巴罗(Barrow)和里斯本角(Cape Lisburne)海岸线483 km以外的浮冰上。

2004年春季和夏季,共发现9只被母海象遗弃的幼仔在远离海岸的区域游泳。伍兹霍尔海洋研究所(Woods Hole Oceanographic Institution)的生物学家Carin Ashjian说:"小海象不能自行捕食,它们需要母乳哺育至2周岁。"

小海象离陆地太远,最终它们要么饿死,要么溺死。研究者相信,母海象需要在离岸很远的地方才能找到适合幼仔休憩的浮冰,最终母海象为了觅食不得不在深海区遗弃幼仔。研究者说,发现被弃幼仔的区域浮冰"实际上已消失了"。这一区域离岸有85～215 km,水深3 000 m,被遗弃的幼仔无法存活。

美国田纳西大学的生物地球化学家Lee W. Cooper说:"如果海象和其他依附海冰生存的海洋哺乳动物不能适应在海沟到海床之间无冰的浅水区抚养幼仔,海象的数量将急剧下降。"

5.2.1.3 海豹

环斑海豹、绶带海豹及髯海豹都是依附海冰生存的动物,海冰的减少将对它们产生极大的影响。它们在冰上生育，在冰上哺育幼仔，并将冰作为休闲的平台。它们在冰的边缘或冰下搜寻食物。没有了海冰，海豹在北极的栖息地将不复存在。因此，若全球变暖持续加剧，海豹的生存将受到威胁(图 5.4)。

图 5.4 因为冰面减少，海豹同样面临极地生境的问题。当全球持续变暖，它们的生存环境将日益严酷。这是南极威德尔海豹的幼仔照片(John Bortmiak 中校，NOAA Corps Collection)

5.3 永 冻 层

北半球约有 24%的陆地区域被终年冰冻的土地覆盖，即永冻层(permafrost)，其他有 57%的区域季节性冻结。随着全球变暖加剧，永冻层开始解冻。在 20 世纪，季节性冻结土地的面积下降了 15%～20%。

来自科罗拉多大学博尔德分校的张廷军的研究表明，通过测量俄罗斯地下 40 cm 土壤的平均温度，发现所有区域都在变暖。张廷军表示，“全球变暖是真实的，它确实在发生。”

融化不仅仅发生在遥远的北极，还发生在美国的其他地方。实际上，在美国，约有 80%的土壤在每个冬季会冻结。全球变暖改变了这种气候格局，这将影响作物、本地种、乃至与大气层中碳的交换。特拉华大学地理学家 Frederick Nelson 认为：“有大量的证据表明，全球变暖是导致永冻层消融和季节性冰雪覆盖区缩小的元凶。”

土壤中的水结冰体积会增大，融化则体积会缩小，永冻层融化会导致土层不均匀运动。受全球变暖持续影响，永冻层的融化将导致地层移动，并危及地表物，如大楼、马路、下水管道、机场、工厂和铁道的建筑结构。永冻层融化同样对景观结构造成影响，如土壤侵蚀、山石松动和滑坡。加拿大、西伯利亚和阿拉斯加在北极圈部分的地区，海岸被侵蚀的速率可达每年 30 m。位于楚科奇滨海(Chukchi Sea)的因纽特村，由约 600 个家庭组成，目前面临被海水淹没的风险。更糟糕的是，永冻层融化还带来一个严峻的问题：大量甲烷的释放，作为一类潜在的温室气体，甲烷储存在永冻层已数千年了。

5.4 变化的植被带

全球变暖导致北极所有的植被带向北迁移到具有更凉爽气候的区域。森林预计将移至北极冻原区，冻原带将移至极地荒漠区。这些变化预计会造成冻原生态系统的面积缩减至21 000年来的最小值，这将改变多种鸟类的繁殖区和陆地动物的牧草区。

同样，冻原减少和森林扩张将导致地表反射率下降。森林冠层颜色比苔原表面要深，有更多的纹理，不如冻原平滑，能吸收更多的太阳辐射能。森林扩张还遮盖了下层地面大量高反射率的冰雪。这将形成一个正反馈效应，气候变暖使森林扩张，森林扩张又继续促进增温效应。

在这所有的负面消息传来时也传来了一些好的消息。一些北极物种，例如北极的四棱岩须(white arctic bell-heather)适应了气候变暖，它已经在北冰洋位于挪威与北极之间的斯瓦尔巴群岛(Svalbard)再次扎根。过去20 000年，这些群岛如同中了魔咒般，不断经历忽冷忽热的气候变化，因而此处的植物能够适应全球变暖，这说明其他动植物种群也有可能适应气候变化或移植到新的区域生存。马萨诸塞大学的Julie Brigham-Grette说："如果有合适的生境，植物就能存活。只要种子传播不受到限制，那么北极正在变暖的速度将不会成为影响其他较远地区植物生存的限制因子。"有科学家认为，种子传播的这一特性正是植物适应急剧的气候变化而保存下来的进化特征。

5.5 南极生态系统

南极半岛是地球上冰融速度最快的地区，其冰川退缩十分活跃。IPCC预计，21世纪温度将上升1.8～4.0 ℃，海平面将上升18～59 cm。极地的边缘地区如岛屿同样受到影响。现在，距南极千里之外的赫德岛(Heard Island)的冰川也在融化。

当冰盖上的冰块发生破碎并脱离冰川入海时，将产生如开启瓶塞一样的效果。冰块的脱离，将使原本不能自由进入海洋的冰川能够以更快的速度漂移出海了。

冰川融化，淡水入海造成海平面升高。英联邦澳大利亚科学与工业研究组织(Commonwealth Scientific and Industrial Research Organisation, CSIRO)海洋研究组的Steve Rintoul说："全世界有1亿人口居住在低于目前海平面1 m

的区域。这1亿人口需要迁移到其他地方。"作为比较,海平面每上升0.91 m,海水将向陆地推进100 m。另外,每一场风暴的来临,海岸线都将遭受巨大的侵蚀。

受威胁和濒危物种系统(TESS)

一种动物或植物物种在被列入濒危物种名录之前,必须先被列入由FWS管理的联邦濒危或受威胁野生动植物物种名录中。将某一物种列入名录的过程必须遵循严格的司法程序,判别的标准主要是该物种受威胁的程度。濒危物种是指某一物种的所有或绝大多数个体处于灭绝的危险中。受胁种指在不久的将来极有可能成为濒危物种的类别。FWS还保有一个美国本地动植物名录,其中的物种被认为是联邦濒危物种名录的候选者。FWS的所有行为,包括提案、列名录、从名录中除名,都需在《联邦公报》(*Federal Register*)中发布。

TESS,代表受胁和濒危物种系统(Threatened & Endangered Species System),是包括所有列入受胁和濒危物种名录的物种的数据库。濒危候选物种是FWS根据生物状态或有充分证据表明其所受威胁可提议为"濒危"或"受胁"的种类,但由于优先级别不够高还未通过。某物种被加入受胁或濒危物种名录一定是由于以下原因之一:

- 其生境或个体目前处于毁灭状态或遭受毁灭性威胁。
- 由于商业、娱乐、科学或教育目的,该物种被过度使用或捕杀。
- 病害或捕食作用。
- 现存的调控措施无法对其进行保护。
- 其他自然或人为因素影响其生存。

一类物种被列入名录,必须遵循几个步骤。首先,必须发布评价该物种状况的"审核公告"(notice of review)。如果该物种符合这些条件,则能成为候选物种。通过这个审核公告,政府得到了有关这些物种的评价信息。这些审核公告都发布在《联邦公报》中。

由于候选物种数量繁多,物种列入名录的等待时间比较漫长,FWS根据动植物保护的迫切性发展了一套优先系统。

一旦某一物种在《联邦公报》上被提名,任何对其感兴趣的人都可以对其进行评论并提供相关信息——通常每份报告有一个为期60天的公示期——任何公众听证会中的陈述都将被保留。一般通过新闻和邮件将这些消息通知给这些特殊的听证会听众。

对收到的公众评论,政府将在最终决策过程中进行分析和考虑。在为期一年内的名录提案中,以下三项行动将有可能选一项实施:

- 发表最终名录列表。
- 由于生物信息不符合列入标准,撤销提案。
- 由于科学界大部分人对此提案持反对意见,可延长,最长至6个月。6个月后,再做决定。

当一个物种被批准,最终名录列表在《联邦公报》发表30天后生效。在一个新物种被列入名录后,其状态最起码每5年审核一次,决定是否还需要联邦继续保护。

美国国家冰雪数据中心(National Snow and Ice Data Center, NSIDC)的科学家们报道,拉尔森B冰架(Larsen B Ice Shelf)于2002年崩裂后,南极内部冰川加快了向海洋漂移的速度。科学家们发现南极冰架部分扮演着保持南极内部冰川的角色。

世界其他地区将很快感受到冰川快速融化造成的影响。随着海平面上升,滨海易受洪水的攻击,淡水水井及其他淡水资源可能退化或遭到破坏,处于低海拔的岛屿将全部消失。

5.5.1 南极野生生物

在2001年8月发表于《国家地理新闻》(*National Geographic News*)的报道中,科学家认为全球变暖造成了大量南极小须鲸(minke whales)的突然死亡。他们认为在过去十年中,海冰的减少导致了过半鲸鱼的死亡。环保卫士及《京都议定书》的倡导国都对此高度重视,《京都议定书》是对抗全球变暖的国际条约,其中包括全球变暖的禁令、约束条件和解决之道。

尽管统计海中的鲸的数目非常困难,但人们还是统计出在1985年到1991年间,小须鲸的数量为760 000头,而最近在20世纪90年代末的一次统计中,小须鲸只剩下了380 000头。全球变暖是导致小须鲸数量下降的原因。一种解释为海冰退缩过快,以致鲸鱼捕食磷虾变得十分困难。澳大利亚政府确定,从20世纪50年代中期到20世纪70年代早期,海冰总量已经减少了1/4,这一数据有效地支持了上述观点。在1960—1997年间担任澳大利亚科学委员会委员的Sidney Holt认为:"全球变暖是地球毁灭最可能的假设"。该委员会是澳大利亚新南威尔士州政府(New South Wales, NSW)环境与气候变化部下属的一个组织。该组织是在NSW受胁物种保护法案通过后成立的,是一个由环境与气候变化部直接委派科学家支持的独立组织。

该组织成员由来自多个研究领域的专家组成,这些领域包括脊椎动物学、植物学、无脊椎动物学、淡水湖沼生物学、植物种群生态学、陆地生态学、水生生物学及遗传学。

该委员会具有多项重要的职能，包括确定极度濒危、濒危或脆弱的物种，种群及生态群落，他们也确定本地植物和动物主要的威胁因素及其过程。

科学委员会其中一个下属机构为环境问题科学委员会(Scientific Committee on Problems of the Environment, SCOPE)。这是一个社会科学与自然科学多个学科交叉的组织，主要关注全球环境问题。该组织负责联系沟通科学界和决策层，不仅为整个人类社会，也为环境保护提供科学上切实可行的解决之道。该组织不仅关注和着力解决现今存在的热点问题，还关注未来潜存的环境问题。这些问题包括全球变暖、气候变化、污染、环境危害、人为活动对环境的影响、土地利用决策、生物多样性、海洋及流域生态学等。

科学委员会另一个重要的下属机构为海洋研究科学委员会(Scientific Committe on Oceanic Research, SCOR)。SCOR主要致力于促进在海洋规划与进行海洋学研究中的国际合作，以及解决在完成必要研究过程中所遇到的问题。SCOR由来自35个国家约250位科学家组成。SCOR并非政府资助的组织，该组织的资金来源于私人机构。SCOR非常依赖国际间的合作和支持，以获取资助来完成海洋研究项目，解决其中的理论和技术问题。

SCOR的研究项目主要集中于印度洋国际探险队进行的大规模海洋研究(始于20世纪60年代)。自那时起，该组织就一直致力于全球海洋生态系统动态变化研究、全球海洋洋流合作研究、全球热带海洋-大气研究、世界洋流循环实验、全球生态和海洋有毒海藻暴发研究。自1979年起，SCOR和海洋政府间委员会(Intergovernmental Oceanographic Commission, IOC)就负责研究海洋在全球气候变化中所扮演的角色。

考虑到南极在地球生态系统中具极其重要的地位，科学委员会还设立了一个专门的机构南极研究科学委员会(Scientific Committe on Antarctic Research, SCAR)，负责启动、开发和整合国际间在南极地区的科学研究以及为各个组织提供南极的重要信息。它同样也为南极条款咨询会议(Antarctic Treaty Consultative Meetings)及其他组织确立南极科学保护的目标，以及影响南极和南部大洋的管理和福利的独立科学建议。

图5.5 由于极地区域生态系统在气温升高的情况下开始变化，南极企鹅的生境可能受到毁灭性的破坏。原本仅分布在南极的帝企鹅，现在集聚于罗斯海(Ross Sea)西南部(Michael Van Woert, NOAA Corps Collection)

南极企鹅数量的下降也与气候变化有关(图5.5)。据《国家地理新闻》的报道，南极帝企鹅(emperor penguins)在过去50年数量下降了50%。20世纪70年代，南部大洋长期处于温暖的气候中，使阿德莱德地(Terre Adélie)的帝企鹅数量显著下降。

同北极发生的情况类似，企鹅数量下降也与海冰总量减少有关。气温和海洋表面温度上升，海冰总量下降，结果导致磷虾(krill)的数量下降。磷虾是帝企鹅的主要食物来源，因此，在食物来源大量减少的情况下，企鹅的死亡率上升。据法国国家科学研究中心(Centre national de la recherche scientifique)的Henri Weimerskirch说："企鹅数量下降是连续4～5年过低的存活率所导致的。"

生活在南极的一种生命形式可为科学家提供全球变暖的线索，这就是被称为线虫的微观蠕虫。线虫生活在岩石似的冰冻的极地土壤之下，有助于加速这些基质的分解和腐化，增加土壤肥力。它们循环使用营养元素，可滋养植物。因为这些微观有机体形成了整个食物链的基础，了解它们如何响应变暖的全球温度是十分重要的。当气温足够低时，线虫会脱水并进入冬眠。当夏季来临时，温度上升，线虫苏醒并开始活动。

碳交换及其储量变化是研究线虫响应全球变暖的另一个值得关注的问题。在南极麦克默多干谷(McMurdo Dry Valleys)的研究显示，线虫在碳循环中扮演着与其比例不相称的作用，它们不断地将一种形式的可利用碳转化为另一种形式。尽管这一部分碳储量仅占全球总量的0.025%，但却约占该区域总碳循环量的10%。来自科罗拉多州立大学自然资源生态实验室的土壤生态学家Diana Wall博士和她的同事们持续追踪碳储量研究，她们发现，在过去10年中，南极气温开始上升，干谷却经历了一个相对低温的时期。这种降温趋势导致土壤变得更冷、更干，使得线虫种群的数量与1993年相比下降65%。种群数量的减少导致该生态系统中总的碳循环量损失了1/3。

据Wall博士说："我们现在正在看到的是，线虫这种'猛兽'还有许多事要做，或者继续发挥与其比例不相称的作用，或者自己土崩瓦解、灰飞烟灭。"

该研究组的另一位研究人员Ross Virginia博士补充道："这里的研究还是相对简单的，大多其他地区的土壤却非常复杂，我们难于将那些变量一一分开。全球变暖对干谷这种寒冷的荒漠生态系统生物多样性的影响，非常易于同撒哈拉这种热干沙漠区域进行比较，它们都正处于日益肆虐的荒漠化和气候变化威胁中，而且这部分区域占全球陆地总面积的1/3。"

在全球尺度上，受土壤无脊椎动物和微生物作用释放的CO_2量是化石燃料年排放量的10倍。海洋和森林是吸收大气中CO_2的主要碳汇。土壤中储存的碳比森林和大气中碳的总和还多。因此，在全球变暖背景下，线虫对碳交换和储存有非常重要的作用，而未来气候变暖或变冷的趋势终将影响线虫的死亡率，进而影响CO_2水平。

Wall博士正在用线虫进行研究，探讨气温及其他一些因素是如何影响它们的。从1993年开始，她设置了32个线虫养殖箱，对每个箱子都采取温室效应处理，使得土温增加2℃。至今，较温暖的养殖箱中的线虫数目已经开始下降。因此，全球变暖很有可能威胁土壤食物网中线虫和其他微生物，这将永久改变土壤中化学和营养元素含量。全球变暖对食物链的影响现在还不清楚，但这是生物学家、生态学家和气候学家目前共同关注的问题。

5.6 适　　应

2001年IPCC的第三次评价报告指出："气候变化已经发生，比较明显的是北极海冰范围和厚度的下降，永冻层融化，滨海侵蚀，冰架变化和物种丰度及分布变化等。"

2007年IPCC第四次评价报告指出：

- 现在可以很肯定地说，局部区域的温度变化已对许多物理和生物系统产生了明显影响。
- 自然界确实受冰雪及冻土层（包括永冻层）变化的影响。冰川湖泊的数目和面积因此增加。
- 永冻层的土壤稳定性大降，山区岩石崩滑大为增加。
- 南北极生态系统变化包括海－冰生物群区和处于食物链顶端捕食者的变化。
- 许多冰川或积雪融水导致河流的径流量增大，春汛也提早到来。
- 许多区域的湖泊和河流水温升高，水质及其热力学结构发生改变。
- 基于大量新的证据，海洋和淡水水生生物界的变化与水温升高和冰面面积变化有关。
- 居住在山区的居民遭受冰川融化所引起的山洪暴发的风险增大。
- 在极地区域，预期的主要生物物理效应是冰川、冰架范围和厚度的下降，自然界的变化包括对候鸟、哺乳类、高级捕食者决定性的影响。在北极，还包括永冻层和海冰面积下降，海岸线侵蚀加重以及永冻层季节性融化程度加深。
- 对北极居民来说，全球变暖所导致的冲击，特别是冰雪情况的改变所带来的影响，预期将是十分复杂的。不利的影响还包括对当地居民生活设施和生活方式的影响。
- 有利影响可能包括供暖成本下降和北部海域线路的开拓。
- 在两极区域，气候变暖，将打破阻止种群入侵的天然屏障，生态系统和生境有可能变得更为脆弱。
- 北极居民现已适应了气候变化，但无论内部还是外部的威胁都无时无刻不在挑战他们的适应能力。北极居民是有着悠久历史的原住民，他们的一些传统生活方式正遭受威胁，需要投入大量的金钱适应调整生活设施或搬离其生活区域。

全球变暖对极地区域的影响将大于世界上其他任何地方。当冰雪融化后，地表颜色变深，导致吸收更多的太阳能，进而加热地表。20世纪人类的影响和温室气体排放所致的极地增温程度与许多气候模型模拟的结果吻合。这就像个恶性循环，极地区域升温加剧，将引发对地球其他区域的影响，如冰川和冰架融化所导致的海平面上升。一些模型预测到2100年极地温度将升高3～6 ℃。

由于过去200年CO_2的排放已造成诸多恶果，并且其影响还将导致未来几十年甚至更长时间的全球增温，因此人类不仅需要解决此问题，还需找出方法帮助生态系统适应未来全球变暖产生的影响，而帮助脆弱的极地生态系统适应全球变化还需要有效的土地管理。据世界自然基金会（World Wild Fund for Nature，WWF）的气候专家说，最有效的管理措施应基于生态系统自身的恢复力（resilience），同时考虑降低生态系统的脆弱性（vulnerability）。生态系统的恢复力是发生干扰时生态系统保持其稳态和功能的能力，而生态系统脆弱性是生态系统受到多样变化影响下敏感性的测度指标。根据IPCC的资料，一些北极物种，如依附海冰生存的北极熊和海象是最易受气候变化影响的物种。

就适应而言，极地环境属于最难适应全球变暖的生态系统之一，这主要是因为极地生态系统过于脆弱且变化发生太快。尽管面临这个困难，WWF还是建议采取以下措施保护极地生境：

（1）生境保护：需要建立保护区禁止人类进行工业及商业活动。从保护的角度来说，陆地、滨海和海洋生态系统必须全部被考虑到。

（2）物种保护：人类不仅需要考虑保护它们现有的栖息地，还需考虑升温后生物将迁往的场所。

（3）合适的管理尺度：生境管理必须保持其完整性，避免其破碎化。如若生境由于城镇化过程和人为侵扰导致破碎化，或生境不能向两极推移，生境将会遭受丧失威胁。

（4）必须全面管理生境：全面管理包括地方性的、区域性的和极地附近的尺度，这有助于保护迁徙物种。

（5）降低其他非气候变化的胁迫因子：这将包括降低或消除过度捕捞和狩猎等活动。

（6）监测海上航运交通：当海冰融化，海上航线开启，需实时监测航线的使用情况，减少污染，同时避免船只进入高度敏感的生态区，监测交通以避免油船碰撞或油污泄漏。

（7）将旅游的影响降至最小：监测旅游活动，避免其危害植被和土壤、干扰野生生物及产生污染。

全球变暖对极地区域的影响已经非常明显，需要各国合作采取行动。若没有有效的国际合作，极地区域将遭受沉重打击，变成许多本地动植物无法适应生存的生境，最终这些动植物将走向灭亡。如果极地区域是全球变暖影响其他生态系统的预警棒，那么现在正是以对环境负责的方式来做出反应的时候了。

（张婷婷、赵斌、郭海强 译）

第6章

全球变暖对荒漠生态系统的影响

世界上的主要荒漠区[①]分布在北纬和南纬25°～35°两个区域内。荒漠生态系统是指年降雨量小于25 cm的极干旱区域。这意味着荒漠区不仅限于炎热干燥的地区，还存在于极地寒冷、干燥的地区。

荒漠区环境十分严酷，为了在这种极端环境中生存，当地的植物和动物已经形成了各种适应机制。全球有1/4的土地（5400万 km^2）为荒漠区，这些区域大多为裸地，或地表仅有稀疏的植被覆盖。

根据定义，荒漠区的年降雨量极低。但当降雨发生时，也能在短期内降落大量而充沛的雨水。荒漠的植物和动物为了存活而形成非常独特的适应形式，例如，它们学会了如何在极端温度和少水的环境中生存。它们通过生理适应，或者充分利用环境的优势，如生活在炎热沙漠中的动物仅仅在较凉爽的夜晚出来活动。

随着全球变暖持续，气温升高、水源变得更为稀有以及食物来源出现问题，这都将影响现有荒漠区域。随着气候变得更温暖和荒漠化扩张，全球的生态系统将感受到这种变化。了解荒漠生态系统脆弱的平衡以及全球变暖将如何影响之，对土地管理者考虑未来的选择非常重要。本章将为读者展示不同的荒漠生态系统生境类型，以及全球变暖的预期影响，接着讨论干旱、生产力损失、荒漠化[②]困境、致命的热浪，以及长期关注的野火等相关话题。在不远的将来，目

---

① 英文原文为desert，译为中文时可为荒漠或沙漠。荒漠为流沙、泥滩、戈壁分布的地区，有的寒冷，有的灼热，有的有很深的峡谷，有的覆盖着沙子，而沙漠特指地面完全被沙所覆盖。因而，本章desert译为“沙漠”时特指沙质荒漠，其余译为“荒漠”。

② 英文原文为desertification，可译为荒漠化或沙漠化。荒漠化是由于大风吹蚀，流水侵蚀，土壤盐渍化等造成的土壤生产力下降或丧失，包括盐渍化、草场退化、水土流失、土壤沙化、沙漠化、植被荒漠化、历史时期沙丘前移入侵等以某一环境因素为标志的具体的自然环境退化的总过程。荒漠化最终结果大多是沙漠化。本章desertification译为“沙漠化”特指原非沙质荒漠的地区出现风沙活动的土地退化过程，其余译为“荒漠化”。

前可耕种的高产土地将逐步转化成类似荒漠景观(desertlike landscape),因此,为了阻止更广泛的破坏,现在了解这种过程的结果是非常重要的。

6.1 荒漠生境

判别一个地区为荒漠区,它的年潜在蒸发量必须大于年降水量。荒漠区常指干旱区,目前世界上有近3亿人口生活在干旱区。荒漠生态系统按干旱区的生境类型可分为四类:(1) 热旱沙漠(hot and dry deserts),(2) 凉爽的沿海沙漠(cool coastal deserts),(3) 半干旱荒漠(semiarid deserts),(4) 极地地区荒漠(polar regions)。

热旱沙漠中以任何形式获取的水分,都会被迅速蒸发。其土壤层浅、颗粒粗大,常由沙砾和岩石组成。因细颗粒沙砾易随风飘走,所以该区没有细沙,只剩下重的颗粒。土壤粗糙的纹理可保持和存储水分。

生活在这种栖息地的植物已经适应了干旱条件(图6.1)。例如,沙漠多汁类植物仙人掌,通过其肉质组织积累水分维持生存。它们的根较浅并集中于地表,因此在降雨时植物能吸收水分。短命物种(ephemeral species)也能在沙漠中找到。这些物种具有短的生命周期,它们死亡后会留下坚硬的种子,可保证其在极端环境下存活。当生长条件合适的时候,沙漠短命物种生长得非常迅速,并且快速繁殖。

图6.1 荒漠生态系统是地球上最干旱的生态系统,该地区的动植物都需要学会适应这种严酷的环境(Nature's Images)

凉爽的沿海沙漠存在于南纬或北纬30°,它们的气候受近海凉爽海流的影响。凉爽的冬季过后,是中长的温暖夏季。这些沙漠区的土壤比其他荒漠区含更多的盐分。半干旱荒漠区年温度变化范围较宽,其夏季最高气温可达38 ℃,但冬季可降至12 ℃。在极地荒漠区,大部分水分都被锁在冰中。

荒漠区的动物不得不适应其严酷的生存环境。移动能力高的物种,如鸟类与大型哺乳类动物,能在极端干旱时期沿荒漠平原迁徙,或者进入附近的山区。体型较小的动物,通常会寻找凉爽、遮阴的地方。沙漠生境中有许多啮齿类、无脊椎类和蛇类,它们昼伏夜出,如果已有洞穴,白天就在阴凉的洞穴中避暑,如果没有就挖掘洞穴,到夜晚出来捕猎。而那些必须在白天活动的动物则需要调节它们的活动时间,并尽可能多地在阴凉处休息。

6.2 干 旱

预计全球气候变暖将加剧水文循环，导致陆地和水体蒸发量明显增加，而蒸发速率越高，土壤和植物的干旱程度则越严重。据忧思科学家联盟(Union of Concerned Scientists，UCS)报道，现有的气候模型同样预测降水格局及降雨量将发生改变。雨量下降同时蒸发量增加的区域将发生旱情，此类干旱更加严重，持续时间更长。

干旱已对地球上数百万人口的生活构成威胁。由于全球变暖，持续加热大气，随着区域变热且变干燥，由干旱所带来的负面影响和困局将扩展至全球所有区域。据 2006 年英国《独立报》(*Independent*)的报道，哈德利气候预报研究中心(Hadley Centre for Climate Prediction and Research)的一项研究表明："实际上，在极端干旱区域开展农业生产是不可能的，极端干旱将影响地球上1/3的土地。"

哈德利中心同时补充说到，他们的预测还可能低估了极端干旱所造成的后果。现在普遍认为，拥有众多人口的发展中国家，由于其抵御极端干旱所带来的恶劣后果能力最弱，将遭受最沉重的打击。

来自基督教救援组织(Christian Aid)的 Andrew Pendleton 在保守党会议中指出："这真的很恐怖，等于宣判了数百万人口的死刑。这意味着将发生史上最大规模的人类迁徙，而这种规模的迁徙是贫穷水平的国家所承受不起的。"

来自新经济基金会(New Economics Foundation)的 Andrew Simms(研究气候变化对发展中国家影响的英国首席科学家之一)指出："据预测，发展中国家关系民生的方方面面，将没有一个不被破坏，如生产粮食的能力，建全卫生保健系统的能力，获取淡水的能力等。这些国家的数亿民众熬过一天就已经需要苦苦挣扎，极端干旱将把他们逼向悬崖。"

NOAA 利用气候模型评价干旱程度的指标是帕尔默干旱指数(Palmer Drought Severity Index，PDSI)，该指数是 Wayne Palmer 在 20 世纪 60 年代构建的。该指数预计，21 世纪全球性干旱的发生将会大大增加，这是根据全球变暖导致全世界降水和热能的变化估算出来的。根据哈德利中心的研究，PDSI 的模拟结果显示目前地球中度干旱、严重干旱和极端干旱的区域分别占地球表面的 25%、8%和 3%，这一数据预计到 2100 年将上升至 50%、40%和 30%[①]。

对此结果，*High Tide* 一书的作者 Mark Lynas 做出相应的评论："我们现在谈论的是在短短几十年内，由于农业生产导致世界上 30%的土地变得不可居

---

① 译者注：总和超过 100%，但原文如此表述。

住，部分区域的数亿人口将不能再养活自己。”

这些预测结果是未来情况的真实一瞥，曾经肥沃的荒漠山谷总有一天会变得干旱、贫瘠。聚居生长于荒漠山谷的动植物，每年依赖短暂雨季期获取食物和生长，然而在未来，它们期盼的雨水将不再降临。干旱年复一年地发生，直至亿万人濒临饥荒。现在，牧民放养的牲畜已骨瘦如柴、濒临死亡；牛、山羊、绵羊，其发白的骸骨将被乱扔在荒芜的、尘土漫天的地方。游牧民族将外出行走几个星期，还无法找到一个水眼或河床。现在，人类已经开始死于饥荒；将来，全球不同区域的居民会为仅存的、非常有限的资源开战。

尽管这有些危言耸听，但如若全球变暖持续，这些情况将在世界上随处可见。根据哈德利中心的研究，自20世纪80年代起，非洲每年食物短缺紧急事件的数目几乎都达到了之前的3倍。在撒哈拉沙漠以南的非洲（sub-Saharan Africa）地区，每3人中就有1人营养不良。

一则来自澳大利亚悉尼的世界自然基金会2003年1月13日的新闻报道，2002年发生在澳大利亚的严重旱灾，其主要原因是人类活动导致的全球变暖。这份题为《全球变暖导致的澳大利亚最严重干旱》（Global Warming Contributes to Australia's Worst Drought）的报道还警示，更高的温度和更干旱的状况造成了比以往更高的野火风险。并且，干旱对当地农业也有负面影响。这篇报道的合作者David Karoly教授表示：“2002年澳大利亚所经历的高温是过去50年全国变暖趋势中的一部分，这不能单从自然气候变异来解释。澳大利亚大部分的气候变暖是由人类活动导致温室气体增加所造成的，如发电和运输过程中化石燃料的燃烧，森林的砍伐。”

Karoly相信这是首次在澳大利亚可以直接观测到的、由人类活动导致的全球变暖所造成的干旱。

据WWF澳大利亚气候变化运动（Australia Climate Change Campaign）的管理者Anna Reynolds说：“全球变暖影响澳大利亚农民生活已是不争的事实。”降雨量减少和气温升高已严重影响农业生产力，造成农作物产量降低和农民收入减少。

据《福克斯新闻》（*Fox News*）报道，联合国2006年6月发表的一份声明称：“全球变暖使炎热地区的缺水问题日益严重，这些地区面临的变化尤为显著，世界荒漠区域正处在前所未有的危机中。”这份报告指出，在未来，全球12大荒漠区中的大部分区域都将面临更加干旱的气候。专家预计在人为导致的全球变暖影响下，到21世纪末降水量将减少20%多。

持续干旱还将导致野火发生的几率增加。一些模拟全球变暖的模型预测，北纬高纬度区域将出现更为干燥的夏季（图6.2）。据IPCC的记录显示，非洲局部、加勒比海地区和亚洲热带区域降水量已出现下降。美国东部1999年发生的旱灾可能是未来全球大气变暖后的一个缩影。

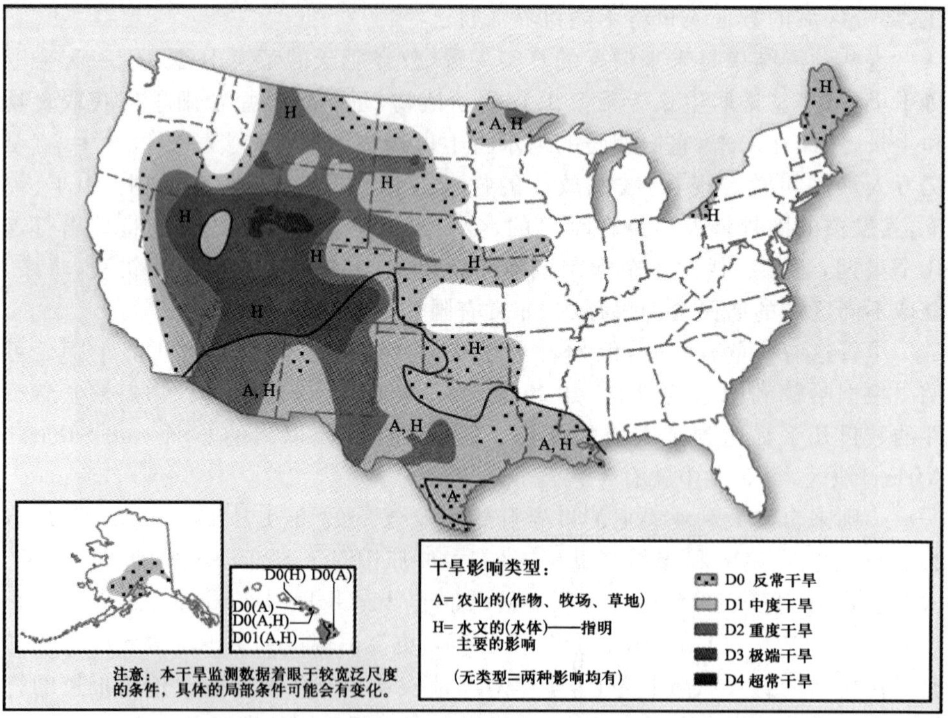

图 6.2　该图描述了美国 2003 年 5 月西部和中部的干旱情况(NOAA's National Climatic Data Center，由 R. Heim/C. Tankersley 模拟)

6.3　危机重重的荒漠

2006 年 6 月，联合国环境规划署(United Nations Environment Programme，UNEP)撰文，认为在全球变暖的影响下，全世界的荒漠已变得危机重重。该篇题为《全球荒漠展望》(Global Deserts Outlook)的报道，向世人警示：由于气候变暖，全球荒漠正面临翻天覆地的变化，如面临需水量高、灌溉土盐渍化污染。荒漠的边缘地带和山区，如地处荒漠山区中动植物的乐土——干旱林地，这些区域是荒漠最脆弱的区域之一，其面积每年可能以 3.5%的速率在下滑。

据 IPCC 报道，至 2100 年荒漠区域的气温将上升 3～4 ℃，其中最严重的后果之一，是荒漠区供水量将缩减，如中亚、南非和美国西南部沙漠的水源，目前这些水源主要来自于冰川融化。据 IPCC 报道，西藏高原上的冰川到 21 世纪末将减少 80%。

当气温变暖，半干旱区的草场有可能转变为荒漠。导致这种土地退化的机制包括盐渍化造成的水质污染，杀虫剂和除草剂造成的水质恶化。另外，处于灌溉土壤下方的地下水层，其水位在不断上升，同样导致土壤中含盐量上升，肥力下降。近海洋的半干旱区，其地下水还受海水倒灌的影响。

UNEP 的发言人 Nick Nuttall 说："荒漠区域是世界上最后的巨大荒野，是自然保护世界的灰姑娘，我们不能眼不见，心不烦。之前，所有的人都关注山地、海洋……并没有人真正关注过荒漠，荒漠同样需要帮助。"

基于 UNEP 的研究结果，由于人类活动所导致的全球变暖，预计到 21 世纪末降水量将减少 20%。

2005 年 6 月，《国家地理新闻》(*National Geographic News*)(注：在线版)利用一个全球变暖模型进行模拟，结果表明全球变暖将搅动南非巨大的沙丘区，继而释放浩瀚的沙海。目前，喀拉哈里沙漠(Kalahari)的沙丘区因被植被覆盖，还处于稳定状态。但如果干旱气候主导该区，降水量减少、气温升高，植被将干枯至死，沙丘的稳定状态也将不复存在。如果风的活动增多，则会使暴露在地表的沙土随风飘扬，给农民带来麻烦。

一旦这些大型沙丘开始移动，则会倾覆绿洲，使之变成沙漠。喀拉哈里沙漠十分宽广，其范围从南非北部一直延伸至赞比亚，面积为 250 万 km^2。英国牛津大学的物理地理学家 David Thomas 为了研究大型沙丘对全球变暖可能的响应，向计算机模型中输入一个自己命名的"沙丘移动指数"(Dune Mobility Index)进行演算。该指数同时考虑了土壤侵蚀度(erodibility)(沙丘受侵蚀的难易度)和土壤风化度(erosivity)(风力侵蚀沙丘所需的能量)。该研究表明，到 2040 年，博茨瓦纳和纳米比亚南部的沙丘将开始变得易于侵蚀；到 2070 年，津巴布韦和赞比亚南部和东部的沙丘将开始转移；到 2100 年，喀拉哈里沙漠所有的沙丘将都被侵蚀并可能移动。

Thomas 说："目前，这些沙丘区域大部分都被树林覆盖。我们可以看到植树造林对环境带来的巨大改善，但是沙漠化正卷土重来。掀起的沙海将使当地的生活越来越困难。"

在喀拉哈里沙漠，已超过 14 000 年未曾发生过预测中所提到的情况。然而，沙丘的沙土不是陆续地被刮走，而是在一段时间内持续地被搬离。如今，不少牧场主仍然依靠这些沙丘区进行放牧，而受侵蚀的沙丘很可能早已不能放养牲畜，从而使传统畜牧业承受灾难性的后果。

来自内华达里诺沙漠研究所地球与生态系统科学部的 Nicholas Lancaster 认为："这是一项非常重要的研究，它展示了目前半干旱地区如何对全球变暖进行响应，这对非洲南部，尤其是对该区的牛群牧场主、野生生物和游客，意义深远。"

对生态保护和科学管理而言，荒漠是极其重要的生态系统。荒漠不仅对当地居民意义重大，是他们的家园，还被认为是未来能源的潜在来源。如果世界最广袤的沙漠能开发成为太阳能的巨大收集器，那么这些区域将提供一类环境友好的化石燃料替代品，并可广为推行。一些科学家估计，撒哈拉沙漠中一块 800 km×800 km 的区域，收集的太阳能能提供整个世界所需的用电量。类似自然资源丰富的雨林生态系统，荒漠同样是新兴药材和农作物的来源地。

南非沙漠卡鲁(Karoo)台地高原上正在进行一项与全球变暖有关的有趣研究。该区是世界上生物多样性最高的 25 个热点区域之一，其中有一块面积为 116 000 km^2 的国际保护区，生存有 5 000 多种植物。

来自南非开普敦国家植物研究所(National Botanical Institute, NBI)的植物生理学家 Guy Midgley 正在研究升温对植物的影响。自 2001 年以来，Midgley 和他的同事就在卡鲁台地高原工作，追踪植物受胁迫的线索。他们发现植物受升温胁迫的痕迹不胜枚举。Midgley 说："我们已观测到一些植物出现区域性灭绝的现象，如普罗迪亚木(proteas)，成年植株树皮干枯，幼苗已不复存在。在另外一些区域，植物树叶枯萎，花蕾提前凋谢，这都是缺水和营养的表现。没有花朵，就没有种子形成，没有种子，植物就不能繁殖下一代。在一些区域，仅存有成年植株。幼苗因为不具备成熟的蓄水能力，无法抵抗高温，因而不能健康成长，而成年植株虽生犹死。"Midgley 同样还在从事植物迁移方面的研究。

来自瑞士格兰德世界环保联盟(World Conservation Union)的气候变化顾问 Brett Orlando 说："Midgley 的工作十分前沿，他是首批关注整个荒漠生态系统的科学家之一。"

目前，Midgley 正在着手进行的一项实验是设计在增温条件下，监测植物的生存状况。他设计了 20 个六角形树脂箱用于吸收太阳能，使白天植物周边的温度上升 2.4～3.6 ℃。

温室效应杀死了 70%～80%的植物。"模型预测植被不能生存，植被确实也不能生存。" Midgley 说。

接着，他们想测试在更宽泛的温度范围下，植物在开始死亡前能承受的范围。

Midgley 说："我们想知道气候变化增温多少度是安全的。"

Midgley 相信，一旦确定了这些升温阈值，就能为全球能源决策和土地利用树立一个先例，同时鼓励人们减少对化石燃料的依赖，还能为建立野生生物廊道提供更好的土地管理措施。

6.4 荒 漠 化

气候变暖将对全球造成众多影响,其中之一是加剧世界荒漠化进程。如果干旱和半干旱区的降雨量出现明显下降,则旱地的面积将大为增加,同时植被毁灭,土壤退化。荒漠化是一类发生在干旱和半干旱地区的土地退化过程,成因有人为活动、气候变化,或两种因素同时作用。尽管荒漠化一直在发生,但由于人口的快速扩张、垦殖处女地,耕地过度耕种和放牧,近年来荒漠化的速度大为加快(图 6.3)。这一现象已经引起了科学家和政府的密切关注。

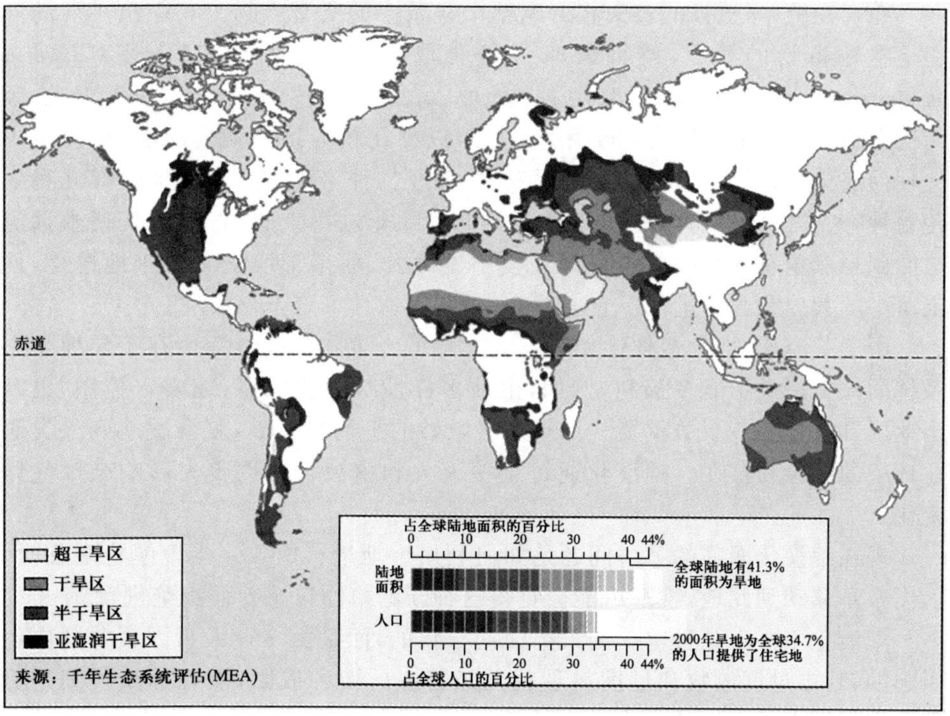

图 6.3 目前地球上旱地的分布情况,其中有些是全球最脆弱的区域(Millennium Ecosystem Assessment)

荒漠化在美国首次被广为认知是在 20 世纪 30 年代的沙尘暴时代(dust bowl era)。沙尘暴时代是由干旱、不合理的农耕和土地管理措施综合作用的结果。在这一时期,百万人被迫离开他们的家园,即美国历史上最大的人口迁移。许多人被迫放弃他们的农场,抛弃他们的一切背井离乡。最终,随着时光的流逝，通过科学的土地管理、改进的农业生产方式及可靠的保护措施，大平原地区(Great Plains)才得以成功修复。

然而，在世界的其他地方，人口爆炸和牲畜放养数量持续增加，给有限良田的承载造成了巨大压力，这大大加快了荒漠化进程并使之不断恶化。荒漠化加剧、土地生产力下降，导致原有的生物多样性丧失。不同的植物物种形成理化性质不同的土壤凋落物组分，这些植物凋落物与土壤中的分解者一起形成了土壤综合体，并在营养循环中扮演着重要的角色。所有植被支持初级生产力，提供食物和木材，并共同封存碳，这在全球气候中发挥着最大的作用。当这些联系被切断后，荒漠化便一触即发，自然生境也随之破坏。生物多样性的丧失还会破坏健康的自然生境，而全球变暖导致土壤蒸散量增大，并对生物多样性造成不利影响。

在食物链中，植被的丧失将影响整个链条中的所有生物。其中最主要的问题是本地植物的死亡，继而外来入侵种取而代之。例如，旱雀麦(*Bromus tectorum*)入侵美国西南部，取代了本地种。在新的环境中，入侵种没有天敌，因而比本地种更具生存能力。不用多久，入侵种在新的景观就会泛滥成灾，将本地种彻底排除在外。一旦此种情况发生，曾经物种繁茂的区域可能仅存几种入侵物种，这样该区生物多样性将显著降低。除非进行重建，否则该区便永远无法回到自然生态平衡的状态。即使复引本地种，如果荒漠化导致土地退化，使土壤中的营养和含水量低于它们的需求量，本地种也难于存活(图6.4)。

由于荒漠化，生物多样性如今已大大降低。生物多样性为生存于旱地生态系统的人类提供了诸多福利，例如，植被多样性对土壤保持、地表水控制，以及当地局部气候调节至关重要。如果这些微妙的平衡被打破，就会威胁到人类居住环境的健康和存在。荒漠化通过土壤流失和植被多样性丧失影响全球气候变化。

现在荒漠化面临的另一问题是如何利用土地进行放牧。当荒漠化来临时，入侵杂草移动到此地，牲畜可能会觉得这种新的植物口感差而拒绝进食。

荒漠化不是由某种单一的人类活动导致的，而是由多重人为因素共同作用引起的，其中过度放牧和过度耕种就是最普遍的两种成因，而森林砍伐则是另一个主要因素。如果地下水被过度取用，或进行不合理的农田灌溉，也将导致荒漠化。土壤积聚过多的盐分，土壤盐渍化程度加重，将加剧土壤荒漠化。在干旱、半干旱和半湿润地区，荒漠化的加剧同样归咎于全球变暖。综上所述，荒漠化是社会、经济、政策、物理、自然因素共同影响的结果，且具有区域差异。

目前，荒漠的边缘地段是荒漠化风险最大的地区。这些过渡地段的生态系统十分脆弱，生态平衡十分微妙，常常只能在各自不同的微气候条件下进行调节。一旦外界胁迫超过维持这些精细平衡的阈值时，它们便很难自我恢复。放

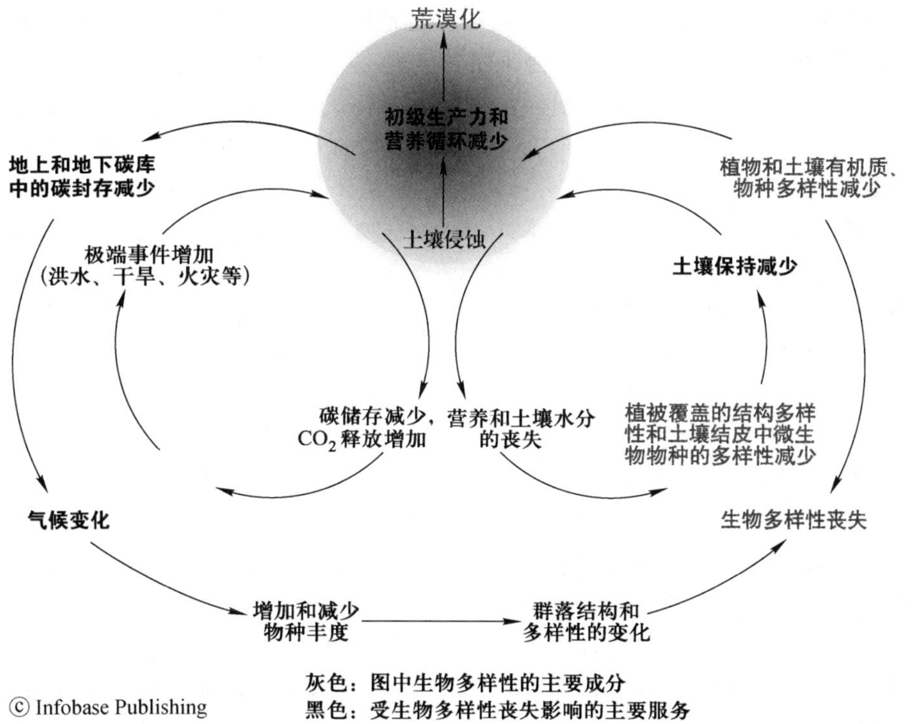

图 6.4 为更好地理解土地退化和全球变暖的关系,该流程图展示了气候变化、生物多样性丧失和荒漠化的联系以及三者间是如何作用的(Millennium Ecosystem Assessment)

牧对生态系统的损害也尤为严重。当牛和其他动物吃草时,它们的蹄子会踩踏土壤,使土地变得硬实。下层土硬实便会形成不透水层,使地表水难于渗透进入地下。由于地表水不能渗入地下,便只能形成溪流和冲沟侵蚀土地。例如,在南非,每年因为地表径流侵蚀损失上层土 2.62 亿吨。此外,当地表变干后,土壤将很容易随风而起,形成沙尘。

据美国地质调查局(United States Geological Survey, USGS)称,至今为止,"对荒漠化的成因、规模和程度,研究者都没有达成一致的认识。荒漠化是一个极为精妙和复杂的过程"。科学家们对很多领域还缺乏了解,如膏腴之地的土壤荒漠化和荒漠的扩张。

过去 25 年,随着卫星技术的发展,已经能获取全球范围的卫星影像,科学家从而能在全球背景下研究气候变暖对荒漠化的影响。卫星影像的出现使实时区域监测成为可能,并能有效地确定土地荒漠化的敏感区。科学家利用卫星数据,如来自 Landsat、SPOT、QuickBird 和 Digital Globe 的数据,能精确地量化和监测人类和动物对地球的影响。

荒漠化是一个全球性的问题。预计到 2100 年,全球变暖将使受荒漠气候影响的区域扩张17%，并使更多的土地暴露在荒漠化的风险下。每年全世界约有1 200万 hm^2 的土地变得无法耕种(这相当于美国87%的农用地面积)。

随着全球变暖影响加剧，我们需要对荒漠化进行监测和管理。正如其他全球化问题，荒漠化的扩张也没有国界。如果不加以控制，生物多样性将受严重影响。荒漠化促使全球变暖的另一种方式是荒漠化导致植被的干枯死亡，使旱地释放大量储藏于植被和土壤中的碳至大气中，从而加剧全球变暖。这对全球气候可能会有显著影响。在"2005生态系统千年评估"中，Greenfact的《沙漠化综合报告》提及，由于荒漠化，估计每年会损失2.72亿吨的碳，并释放至大气中，这相当于地球上所有碳释放量的4%。

全球变暖和荒漠化之间并不是简单的线性关系，它们之间的变化极为复杂。下面列举两种可能的情形：

(1) 空气中二氧化碳(CO_2)含量增高导致气温升高，这使土壤变得干燥，植物脱水死亡。土壤失去有机质，土壤的蒸散作用不复存在。久而久之，会将形成一个更弱的碳源。正因如此，空气变得更干，阻止水蒸气凝聚成云。荒漠气候持续，荒漠边缘地带趋向荒漠化。

(2) 在其他区域，CO_2 含量增加可促使植物生长加快、生产力提高。但如果生态系统开始退化，入侵物种能轻易取代本地物种，那时即便复引本地种，土壤已经退化，营养相当匮乏，本地种也无法再重新定殖和生存。另外，如果地球能源或水平衡发生改变，也可能使原生生态系统偏离宜居状态。

应对荒漠化的最好方法就是在第一时间阻止其发生。最合适的方法是在局部、区域和全球尺度上，实行合理的管理措施。提前预防除了可以改善环境，而且比荒漠化后进行修复花费更少。最好的预防是要求人们对土地在生活方式、工作态度上进行改变。如果坚持可持续发展的策略，在土地退化前，积极发展环境友好的农业和畜牧业，能有效阻止严重的土地退化问题的产生。对已发生退化的土地，修复措施有助于恢复原丧失的生态系统、生境及原旱地生态系统的生态服务功能。预防荒漠化最重要的一个原因是避免极端的贫穷和饥饿，发展中国家的干旱区一旦发生荒漠化，民众将很难获取食物和清洁的水源。

现有不少可持续的措施用于防沙治沙，其中最关键的方法是综合的水土管理。所有防止水土流失、盐渍化和其他形式土地退化的措施都能有效防止荒漠化。事实上，干旱地区的居民依赖其长期经验及主动干预，通过可持续性方法改善农业活动和提高牧业的移动性(pastoral mobility)，因而能在土壤沙漠化前进行防沙治沙。萨赫勒(Sahel)地区已可见这种形式的生产力。

随着全球变暖持续，需要实施有力措施以确保地区的健康和活力。据千年生态系统评估(Millennium Ecosystem Assessment)2005年发表的一篇题为《生态系统和人类福祉：荒漠化综合评估》的报告，其中列举了一些防治荒漠化的可行措施：

- 实施土地和水管理计划，保护土壤不被侵蚀、盐渍化和退化。
- 在旱地以外的地方寻找商机以减轻旱地的压力。
- 保护植被覆盖，用以涵水固土，防止土壤被风和水侵蚀。
- 寻求替代生计，不依赖集约化土地利用方式（如温室农业、旅游业和水产养殖业）。
- 整合农业和畜牧业，集中有效地管理自然资源。
- 授权当地社区有效地管理自有资源，结合传统生产实践因地制宜地进行管理。

在已发生荒漠化的区域，恢复及修复土地到原初状态十分重要。成功的修复必须在局部尺度上完成。下面列举一些常用的方法：

- 复引原本在那里生存的自然物种。
- 在陡峭区修建系统性梯状构造，这样地表水不会直接从坡上冲刷下来，侵蚀土地表面。
- 建立种子库确保物种不至于濒危或灭绝，待气候条件适合植物生存时，可以进行种植。
- 向土壤中施加更多营养物，使之肥力增加，更有利于植物生长。
- 种植更多的树木。

荒漠化问题急需解决，以达到减少沙尘暴频发的风险及减少淹水（灌溉不当或排水不力所致）的目的。如果这些情况发生，表层土和重要营养物将流失，最终导致植被减少。植被的丧失意味着潜在碳储量的损失。一旦荒漠化占主导地位，它将导致区域气候的改变，进一步加剧温室效应的影响。

据 UNEP 统计，荒漠化导致农作物每年因减产损失 420 亿美元。过去 35 年，由于降雨量减少高达 20%，萨赫勒地区的多个国家正处于干旱状况，半荒漠区已经向南推进了 100 km。内陆区域预计将变得更加干旱。

据 IPCC 统计，许多荒漠区降水量将减少 5%～15%。据预测，美国大盆地区域（Great Basin）西南部将是受冲击最严重的干旱区之一。为了抵制荒漠化，我们现在必须采取行动了，要取得成效可能还需要 10 年或者更长的时间。在修复区必须采用低强度的农业生产。在这个问题上，不仅需要科技界强有力的支持，还需要当届和下届领导采取积极的行动。

2006 年发表在《独立报》（*Independent*）上的一篇研究报道表明，亚马孙雨林已出现荒漠化迹象，这将加快全球变暖的进程，并带来“不可预料的后果”。

伍兹霍尔研究中心（Woods Hole Research Center）在亚马孙开展了一系列研究，发现雨林不能抵挡两年以上的连续干旱，连续干旱对雨林会造成极度的生态影响与破坏。该项研究指出，发生在亚马孙的干旱可能是引发北半球干旱的导火索，并能加快全球变暖进程，最后产生的局面可能无法控制，整个地球环境将变得不再适宜居住。

热带雨林发生干旱的第一年期间，树木还能较好地应对干旱。第二年持续干旱，树木还能继续生存，为吸取更多的水分，树木根系向地下伸长。但干旱延续至第三年，树木就开始干枯死亡了。最先受到影响的是最高的树木，当高大的树木倒伏至地面，矮小的下层树种就直接暴露在阳光之下。地表受到阳光直射，很快变得干燥。

到第三年干旱期末，生物量（植物）已经释放了2/3的储存碳，以 CO_2 的形式释放至大气中。曾经是碳汇的森林，现已转变成主要的碳源。

最让科学家们担心的是，目前亚马孙丛林的碳储量为 816 亿吨，如果全部释放，这个量足以使全球变暖的速度提高 50%。最糟糕的是，如果这些偏远的雨林发生森林大火，整个森林都将因人类无法及时扑救而被烧毁，最终这片雨林将有可能变成荒漠。

来自密苏里大学一位著名的森林生态学家 Deborah Clark 博士称，该研究向人们警示“亚马孙丛林之门已经打开，正走向极度危险的未来”。

荒漠化的严酷现实

以下是目前世界上荒漠化的现实情况：

- 世界上作为农业用地的52 亿 hm^2 旱地中，大约 36 亿 hm^2 现已遭到侵蚀并退化。
- 每6个人中就有 1 人直接受荒漠化影响。
- 荒漠化迫使许多农民弃耕，到城市中找工作。
- 每年5.18 万 km^2 的土地毁于荒漠化。
- 荒漠化影响北美近75%的土地。
- 荒漠中的沙尘能远距离吹入城市。沙尘能从非洲吹至欧洲和美国。在沙尘的移动过程中，沙尘能从俄克拉荷马州横跨大西洋。
- 荒漠化毁坏了一个地区的上层土壤，使之无法种植作物、养殖牲畜或为人类提供居所。
- 气候变化和不当的土地管理措施都能引发荒漠化。
- 荒漠化造成的破坏往往带来巨大的经济损失。每年农产品损失 400 多亿美元，导致农产品价格上涨，最终影响消费者利益。
- 据联合国报告，地球上近 30%的土地受干旱影响。每天约有 3.3 万人饿死。
- 荒漠化加大了野火发生的概率。

荒漠化是可以防治的，但经常遇到的情况是，除非荒漠化是既定事实，否则不会公之于众。这使得修复十分困难，代价相当昂贵。如果公众对荒漠化认知更早，并能尽早防止其到达一个无法收拾的地步，修复将大为简单。保证防沙成功的一个有效方法是拓展宣传范围和进行公共教育。通过不断地告诫和教育公众，他们的行为将引起何种环境后果，从而达到能彻底避免土地退化的目的。

6.5 热　浪[①]

为了测量全球平均温度的上升幅度，科学家们获取了世界各地气象站的温度数据。城市附近测量站所测的温度必须进行校正，以消除城区的特殊效应对温度记录的影响。由于城市表面多为深色调，如柏油马路和黑色屋顶，会比自然地表（如草地、牧场和林地）吸收更多的热量。所吸收的热量被建筑物和道路再次辐射，工厂、汽车及其他燃烧化石燃料释放的热量等加大了温度上升的幅度。

为避免人为影响导致的温度偏差（统称为城市热岛效应），使温度数据更准确，热岛效应导致温度上升的量应加以考虑并设法去除。此外，世界上各种温度测量的仪器和方法都必须进行校正，使得所收集的温度数据具有可比性。

据 UCS 的计算，若将以上所有的情况都考虑进去，过去 150 年全球平均温度已上升了 0.3～0.5 ℃。更为重要的是，自 1975 年以来，每 5 年平均气温的升高幅度为 0.5 ℃，这个速度比过去 150 年中任何一个 5 年上升的速度都要快。全球记录在册的 14 个最暖年份始现于 1990 年。另外，可通过转借测量(proxies)（这些测量中的替代物是过去气候条件的现存的证据）重建历史气候，如化石花粉、年轮、珊瑚礁、冰芯和沉积物芯，结果表明 20 世纪的全年变暖现象与 400～600 年之前的变暖现象显著不同。

科学家们认为全球变暖唯一可信的解释是人类干扰。大量气候模型所显示的温度升高精确反映了地球正在经历的真实气温上升。在这些数学模型公式中，输入化石燃料燃烧（石油、天然气和煤炭）及森林砍伐所产生的温室气体水平，可得到上述结果。如果模型中没有输入人类干扰因子，模型将低估温度的真实值，其结果无效。经模型确定，地球上受升温效应影响最早和最显著的区域为高纬度地区（极地），而且夜间的升温效应要高于白天，使整个地球大气

① 译者注：热浪(heat wave)是气候专业名词，指过热的天气被延长了。

更加温暖。这是非常重要的，因为当夜间地球还能保持更温暖的状态，白天大气中所产生的热能也能继续保存，使得次日温度会比往日更高。

UCS认为，到2100年地表平均温度将上升2.5 ℃，这意味气温将在各种时间尺度下（如日、季和年）上升。当在局部水平上观测到显著升温时，一些区域在夏季将面临极端高温并发生致命热浪。

来自荷兰皇家气象学院的气候顾问 A. Kattenberg 说，地处温带气候的区域（如美国）将经历双倍的极端高温时间，夏季平均气温将升高 2～3 ℃。R. J. Ross 公司的 D. J. Gaffenard 和 R. J. Ross 对美国不断上升的夏季高热胁迫进行了研究，发现过去50年在美国许多城市，每年出现致死高温的天数已经显著增加。

随着热浪频发，越来越多的人受到其影响，其中很多人会死于高温。例如，1995年在芝加哥，有约500人死于一场极端的热浪侵袭。老、弱、病、幼及买不起空调的人群受高温致死的威胁最大。

1999年7月和8月，另一场热浪袭击了芝加哥。在这次袭击中，紧急事故应对网络的专家们已经有了1995年处理热浪的宝贵经验，能更好地预防和采取一些应对措施。但尽管如此，还是有103人死亡。

芝加哥不是唯一的案例。1980年发生在美国东部和中西部的一场热浪导致1 700人死亡，1988年的热浪导致454人死亡。1998年发生在得克萨斯州的热浪导致120人死亡。

2003年，欧洲经历了一场致命的热浪，这场热浪的气温之高，被认为是500年来最热的一个夏季。在此期间，27 000人死于各种与热相关疾病，例如其中有些人是死于由高温导致的无法恢复的脑损伤。

2006年发生在美国的热浪是所历经的最严重热浪之一。这次热浪席卷了整个美国，并持续了一个月，它所造成的影响和损失是难以估量的：数百人死亡、引发了大面积的断电、难以扑灭的森林大火、大量森林烧毁。据环境保护基金会（Environmental Defense Fund，EDF）的报告，纽约有数万人断电超过一个星期。

科学家们并不能将全球变暖的所有问题归咎于一次简单的气象事件，如一次热浪侵袭、飓风、暴风雪或龙卷风（因为这有可能是气候的自然波动）。但是这些与全球变暖相关的问题反映了变暖的趋势。根据气候模型，一些更加疯狂和难于琢磨的天气都得到了很好的预测。这是全球变暖的后果之一，热浪的增加也符合这个未来的气候情形。发达国家和发展中国家需要共同注意的是，持续的城镇化将使更多的人面临城市热岛和热浪侵袭的威胁。

6.6 野　　火

在干旱期，毁灭性野火发生的可能性明显增加。众所周知，在1997年和1998年，厄尔尼诺现象(El Niño)致使世界很多地区发生严重的旱灾。巴西、美国中部、佛罗里达州、俄罗斯东部和印度尼西亚发生了较大的森林火灾。在干旱期，特别容易引发自然或人为火灾。雷击是自然野火的最常见起因，野营和徒步旅行时没有控制好的篝火也是常见诱发因素。撇开这些原因，在干旱条件下，植被过于干枯轻易就能点燃引发一场大火。野火一旦发生，则能迅速而剧烈地蔓延开来，这些火灾很难扑灭，并致数千消防员于死亡危险之中。

据2000年11月2日美国有线电视新闻网(CNN)的报道，全球变暖是导致北美荒漠生态系统中的野火周期加快的一个重要决定因子。CNN援引《自然》(*Nature*)杂志中的一篇研究报告，由于燃烧化石燃料导致CO_2含量的持续上升，危害并改变了脆弱的荒漠生态系统。

内华达大学拉斯维加斯分校的生物学教授Stan Smith，同时也是该研究报告主要作者，他说："这对土地管理者来说是一个真正的问题。"

Smith和他的研究团队在莫哈韦沙漠(Mojave Desert)生态系统开展了一项实验，通过增加50%的CO_2排放量，观察CO_2增量对四类植物群落的影响。随着CO_2浓度的升高，所有植物的密度和生物量都增加了。科学家们将这个结果比拟为在CO_2增高后高降雨量年份所发生的情形。接着，在厄尔尼诺期间发生旱灾，大量生物都将干枯并成为野火发生的易燃物。

Smith说："最近的研究表明，厄尔尼诺带来的高频降雨将随气候变暖而加剧。"

另外，CO_2浓度的上升同样促进了入侵植物的生长。例如，红雀麦草(red brome)是在研究地大量生长的一种植物。在这个生态系统中，这种入侵植物不仅生长茂盛，而且还为野火发生提供大量的燃料。

Smith说："红雀麦草能在灌木丛的空地中蔓延火焰，烧毁所有的草类和灌木。而在这种外来杂草入侵之前，没有几种当地植物能形成致密的覆盖，所以在历史上，这些沙漠灌木生态系统并没有烧毁的记录。"

对莫哈韦沙漠来说，增强火灾循环不仅仅是条坏消息，而且从生态系统健康受到破坏和生物多样性丧失方面来说，还是一则噩耗。自然保护组织(Nature Conservancy)举证气候变化是2000年火灾季发生的隐含原因之一，该场火灾烧毁了美国西部超过200万hm^2的林地。

这篇文章的合作者Bob Nowak说："为了看到将来会是什么样子，我们做了大量的实验，结果显示未来的情形不容乐观。我们已经看到了内华达大盆地北部的旱雀草，我们将会看到内华达南部莫哈韦沙漠中越来越多的红雀麦草。"

自然资源保护委员会(Natural Resources Defense Council，NRDC)的一份报告指出，2006年野火季期间，火灾发生的次数和烧毁的面积都刷新了历史纪录。据报道，有近100 000场火灾和近400万 hm^2 的林地被烧毁，这高于10年平均值的125%。如果升温继续促使野火季节提前，将对经济造成毁灭性打击。最近每年与野火做斗争的开支已达10亿美元。

2007年10月，加利福尼亚经历了一系列从南加州蔓延而来的毁灭性火灾。火灾从圣芭芭拉向南一直蔓延到墨西哥边境，在这场火灾中，超过1 500户家庭的房屋被毁，超过202 000 hm^2 的林地被烧毁，9人死亡，85人受伤。

这些火灾发生在一个干旱的夏末，当时还发生了圣安娜风暴(97 km/h)，助长了野火的火势。另外气温稳定在32℃左右，也是造成这场野火具有如此大的破坏性的原因。

当最后的火苗被扑灭时，被迫疏散的居民总数超过了900 000人。这是加州历史上最大规模的一次疏散行动。

燃烧的南加州

2007年发生在南加州的严重森林大火对民众的生命安全和财产构成了极大的威胁。以下是加州史上最糟糕的一个5年，其中一些情况为：

- 圣迭戈的火灾迫使超过265 000人背井离乡。
- 有将近4 900位消防员参与扑火。
- 加州州长阿诺德•施瓦辛格声明加州7个郡县处于紧急状态，并要求国家卫队派遣800名士兵在美国—墨西哥边界巡逻以助扑火。他同时请求国防部长Robert Gates提供部队支援，并启动空中灭火系统(MAFFS)以助扑火。
- 农业部提供了船员、油轮和直升机参与救火的战斗。
- 圣迭戈受到的打击尤为严重，因为之前经历了热浪、干旱和极端强风的侵袭。
- 圣迭戈电光队的主场高通体育场成了难民临时住处。
- 固翼灭火飞机(fixed-wing)曾多次在强风下强制着陆，无法起飞。这使地面消防员的工作更加困难。
- 火灾对圣迭戈野生动物公园造成了极大的威胁，不得不关闭公园。其中的一些濒危物种，如秃鹫，被搬运至更安全的地方直至火势得以控制时运回。
- 人们被告知除非有极度紧急事件发生否则不要轻易拨打911，唯恐造成线路堵塞导致错失营救的电话。

•加州最大的火灾发生在洛杉矶北部巴克韦德(Buckweed)。它烧焦了 11 129 hm^2 的土地,迫使 15 000 人疏散,离开家园。

由于 2007 年的特大火灾,保险公司理赔了 39 000 户人家的保单,保险金额为 1 300 万美元。这场火灾造成 23 亿美元的经济损失。

空气状况和质量同样受火灾影响,因为火灾所形成的悬浮微粒大小为 10 μm或更小(称为 PM10),这已超过大气健康指标,对有呼吸疾患的人群会造成影响。由于大气状况已达危险水平,政府请求居民自主疏散和逃离,待空气中悬浮微粒达到正常水平时返回。

随着全球持续变暖,这些问题预计在发生频率和持续时间上都将有所增加。干旱、荒漠化和野火是一个综合体,随着全球变暖的加剧,预计将形成一个更加严重的问题。

(张婷婷、赵斌 译)

第7章

全球变暖对山地生态系统的影响

遍布全球的山地为我们提供了地球上一些最赏心悦目的风景，其丰富的动植物每年吸引了数百万的游客来这里露营、登山、滑雪、远足、泛舟及观赏野生动物，或者到这里来放松身心，享受大自然赋予的清新空气和原始状态风景。然而，随着地球大气温度的稳步上升，山地生态系统也开始受到影响。甚至与十年前相比，这些区域正处于转变阶段，而有的地方已经消失。山地生态系统具有高度分化的生态位，因此即使一个小变化也可能威胁(threatened)到物种的生存，或使之濒危(endangered)，甚至灭绝(extinct)。

本章首先探讨全球变暖如何通过多种方式改变世界山地生态系统，以及现在这些改变所造成的危机。而后，让我们把目光转向在全球变暖背景下，山地生态系统面临的经济挑战。最后，我们将通过一个实例说明全球变暖对山地生态系统的健康和未来究竟产生什么样的影响。

7.1 全世界的山地生态系统都处于威胁之中

2002年2月1日《国家地理新闻》(*National Geographic News*)(在线版)的一则报道指出，东京的联合国大学(United Nations University)已经证实目前全球变暖及其他问题如污染、森林砍伐、资源的过度利用和开发等正在对山地生态系统造成巨大的影响，并且迫使它们不能保持健康。

加拿大渥太华的卡尔顿大学地理与环境科学系的Jack Ives博士指出："当这些山地生态系统受到更多的胁迫时，我们将面临诸如水资源短缺、滑坡、雪崩、灾难性洪水等严重问题。"其实仅水资源短缺就是一个非常严重的问题。山地生态系统约占全球陆地面积的25%，它为全球10%的人口提供居住地，同时它所提供的水资源养育了世界上一半的人口。如果全球变暖对山地生态系统造成负面冲击，将会造成世界性的灾难（图 7.1）。

Ives 博士指出："阿富汗的兴都库什山脉、喀喇昆仑山脉、喜马拉雅山西部地区以及克什米尔的争议地区，是地球上环境和社会经济退化最为严重的例子，更确切点讲，那简直是一场灾难。"

图 7.1 山区和山地环境一般位于高海拔地区，且存在明显的植被分带现象。在较高的温度下，物种开始向高海拔地区迁移，过去生活在较高海拔的植被将被迫消失，因为它们已经无处可逃（Nature's Images）

其他同样面临着威胁的山脉已经作为"生态濒危区"（ecologically endangered）记录在联合国报告中，这些受威胁的山脉包括欧洲的阿尔卑斯山脉，墨西哥中部的塞尔拉切纳山（Sierra Chincua），马达加斯加的琥珀（Amber）山脉，澳大利亚的雪山山脉以及北美的落基山脉。

所有的山脉都面临着冰川和冰帽融化的难题。瑞士世界冰川监测局（World Glacier Monitoring Service）的报告指出，世界冰川退缩的速度已超过其生成的速度，因此全球变暖使世界冰川发生了净损失。报告指出在 1997—1998 年间冰川的消融最为严重，并预测到 2050 年地球上 25%的冰川将完全消融，2100 年会达到 50%。如果这种情况真的发生，那么届时地球上就仅有巴塔哥尼亚（Patagonia）、喜马拉雅山脉和阿拉斯加州还有冰川残存。

联合国的报告指出，坦桑尼亚的乞力马扎罗山在过去的 100 年中损失了 82%的冰川。另外，美国蒙大拿州国家冰川公园中的冰川正在以极快的速度消融，据估计这些冰川将在 30 年内全部消失。陆地表面失去冰川覆盖将对全球的能量平衡产生负面影响。世界观察研究所（Worldwatch Institute）的 Lisa Mastny 指出："冰川融化以后，新暴露的陆地表面和水面起到了保温的作用，这将导致更多的冰川消融，并形成一个反馈回路，加速全球变暖。"

山地生态系统改变引起的另外一个严重后果是物种的丧失。当气候变暖后，一些特有的动植物可能因无法适应环境的变化而灭绝。联合国的报告指出，在过去的几年中，由于气温的升高以及降雪的减少，仅在澳大利亚雪山山脉就已经有超过 250 种植物的生存受到了威胁。面对全球变暖，植物已经开始了迁移，目前亚高山乔木生长在比 25 年前的生境海拔高出 40 m 的区域。

虫害是联合国报告中提到的另一个重要后果。温暖的气候促使昆虫向更北的地区迁移，那些地方以前因为太冷而不太适合它们生存。在过去的 10 年里，位于加拿大境内的落基山脉就经历了数次虫害。在过去几年中，由持续的暖冬引起的松甲虫虫害已经侵袭了不列颠哥伦比亚省超过5 000 km² 的原始森林。阿拉斯加州的山地森林也面临着同样的困境。

7.2 水资源储备的匮乏

2004年《太空日报》(*Space Daily*)上刊登的一则报告指出,根据最近开发的气候变化模型的预测,在未来50年里,全球变暖将导致美国西部70%以积雪形式储存的水资源丧失。降雪的减少不仅仅意味着来年的夏季饮水短缺。如果谢拉内华达山脉到太平洋西北岸喀斯喀特山脉(Cascades)的降雪减少,将导致秋冬季洪水的增加,因为积雪不能保持冰冻状态。如果没有足够的积雪,山脉将无法储备充足的水资源提供给美国西海岸的居民。本地的野生动植物的生存也将变得艰难(图7.2)。在干旱的季节,居民的用水将受到严格限制,每个人用于家庭日常生活或者园艺的水都是限额供应的。工业和商业同样需要大量的水资源。在水资源匮乏的年份,所有的水资源的消耗都需要规划和编制。西海岸的渔业、农业和水力发电也将深受其害。

图7.2 全球变暖引起温度的升高,物种将被迫迁移到新的环境中。当植物和其他的食物来源向北迁移,或者向更高的山地生态系统迁移时,野生动物也会跟着迁移(NOAA)

美国能源部西北太平洋国家实验室的科学家L. Ruby Leung指出,目前对美国西海岸水资源短缺的预测还只是"最理想的情况"。

与其他大多数气候模型相比,由美国能源部和国家大气研究中心合作建立的模型的预测结果还算保守。这个模型假设到2100年前温室气体的浓度以每年1%的速度增加,那么到2050年,降水的变化不大,但温度将增加1.5～2 ℃。

该模型预测在未来的降水模式中,更多的降雨将会代替降雪,这数量大约为每天5～12.7 mm。这将导致雪线从914 m上升到1 219 m,甚至更高。这意味着到2050年,融雪的时间将提前,而不是现在的4月底。事实上,在过去的50年里,海岸山脉已经失去了60%的正常积雪。

Leung指出:"水流发生的时机的改变并不受欢迎,我们现有的大坝和水库管理、灌溉安排等措施都无法减轻气候变化带来的负面影响。"

此外,人口的增长也增加了解决水资源短缺问题的难度。如果西海岸的人口持续增长,那么对水的需求势必加大。全球变暖和干旱也将加剧水资源短缺问题。与这个问题相关的还有火灾(图 7.3)。

图 7.3 山地环境在温度升高的情况下会变得更加干燥，使得森林中的易燃物增加。自然的闪电和人类的疏忽都会引起森林大火。在森林的干燥环境中，火势传播非常快并且难以控制。这可能使自然环境和周边的城市都处于危险之中，也可能导致数百万美元的损失(Kelly Rigby, Bureau of Land Managemet)

2006 年 8 月《科学》(*Science*)杂志刊登的一篇文章指出，温度的升高与美国西部火灾季节持续时间和强度的增加密切相关。事实上，与 1970—1986 年相比，自 1986 年以来，更长、更热的夏季导致该区域大火灾发生的频率增长了 4 倍，森林的毁坏增加了 6 倍。有趣的是，从 1920 年到 1999 年，加拿大也报道了类似的事件。根据内华达山脉研究所的气象学家 Anthony L. Westerling 的研究，美国西部火灾活跃季节的时间(燃烧的持续时间)增加了 78 天，大火灾的平均持续时间增加了 7.5～37.1 天。他认为增加的原因是春季和夏季温度增加了 0.9 ℃以及山脉积雪融化的时间提早了 1～4 周。他指出位于海拔 2 100 m、积雪占优势的森林中火灾活跃期的增长是最显著的。每年融雪结束之后的 30 天内，由于该区域较低的湿度和稀少的夏季降雨特点使得森林变得易燃。美国西部大多数的火灾都是由闪电和人类的疏忽造成的。由于非常干燥且有风，这时候的森林已经满足燃烧的基本要求，因此很容易发生火灾。由于这里的易燃物非常干燥，因此火势在短时间内就可达到难以控制的程度。通常，这些火灾发生的地点非常偏远，这也加大了消防员到达的难度。另外，由于火势蔓延非常迅速，森林临近地区增长的人口面临着火灾的巨大威胁，加利福尼亚州 2007 年夏季和秋季的灾难性大火就是一个例子。

澳大利亚也曾遭遇过几场无法控制的火灾。2006 年悉尼经历了最炎热的新年，这是 1939 年以来记录的最高温度。那时的温度高达 44.2 ℃，它导致城市停电，在沿澳大利亚东海岸引发了超过 40 起森林火灾。噩梦般的天气条件使得火势无法控制。火灾毁坏了房子和车辆，阻断了道路，城镇变得孤助无援，火焰高达 20 m，横扫了沿海的大小城镇。大火肆虐的面积达到了 8 903 hm^2，不计其数的住宅、建筑、农场及其他一些区域都被烧毁。

2009 年 2 月，澳大利亚遭受了有史以来最致命的火灾。困在房子和车里的许多人被烧死，整个城镇从地图上被抹去。灼热的气温和阵风助长着这场大火，火焰侵吞了干旱的国土。由于森林处于极度干燥的状态，因此火灾造成的严重后果在澳大利亚是空前绝后的。在维多利亚州，乡村被完全烧尽，整个森林被烧成无叶的、焦炭化的树干，农场化为灰烬。据维多利亚国家消防服务中心估计，大约有 2 200 km^2 的区域被完全烧毁。

澳大利亚总理 Kevin Rudd 说："愤怒的地狱之火蹂躏了维多利亚善良的人民，这是一个国家的可怕悲剧。"

刊登在《新科学家》(*New Scientist*)的一个研究指出，2009 年 2 月的野火已经让澳大利亚的人们提前经历了气候变化的可怕。研究声称，基于 IPCC 气候模型的预测，在未来的几十年里澳大利亚南部的火灾将更频繁、更猛烈。

皇家墨尔本理工大学丛林火灾合作研究中心的 John Handmer 认为，气候变化对近期火灾的影响被低估了。他说："上周的森林大火是空前的。在这次破纪录的干旱中，我们体验到了一次创纪录的热浪以及记录在案的最高的火灾危险指数。"

火灾危险指数同时考虑温度和湿度，数值超过 50 极其罕见。但 2009 年 2 月 14 日(星期六)的火灾危险指数高达这个数值的 5～6 倍。随着全球持续变暖，森林火灾发生频率预期会增加。

7.3 冰川和洪水

就全球变暖来说，山地生态系统首要面临的问题之一就是冰川的融化以及山谷和其他低地的洪水泛滥，而这洪水泛滥是由那些在冰川后面逐渐形成的冰川湖的突然溃堤所导致的。当冰川开始消融变得不稳定时，融水将很容易翻越由冰川形成的临时冰坝，冲下山坡并破坏沿途的一切。

瑞士弗里堡大学的气候科学家 Martin Beniston 指出："在喜马拉雅山脉某些冰川的长度达到了 70 km。仅仅在不丹就有 50 个冰川湖属于这种类型，尼泊尔也有近似数目的冰川湖。在这些冰川湖路径上的城镇，可能会遭到类似海啸的袭击。"

工程师们认为法国萨瓦地区的 Rochemelon① 冰川上的一个冰川湖处于随时可能溃堤的状态。所以，他们已经采取了相应的措施，在它暴发并酿成严重

① 译者注：阿尔卑斯山脉的其中一个山峰。

灾害之前排放了湖中的水。在过去的五年中，欧洲阿尔卑斯山脉、南美安第斯山脉和喜马拉雅山脉上的冰川正在逐步退缩。

这些地区不仅气候变暖了，而且降雪也减少了。荷兰乌得勒支大学的 Heinz Slupetzky 指出，最早到 2080 年，地球上所有的冰川就可能消失殆尽。在世界的另一侧，中国科学院青藏高原研究所的冰川专家姚檀栋指出，到 2050 年，中国 64%的高海拔冰川将完全融化。他认为以目前冰川的体积计算，这相当于黄河全部的水量。冰川的消融可能引起严重的后果，因为中国 13 亿①人口中有 23%的人依赖冰川融水作为饮用水源。

2002 年，由联合国环境规划署(United Nations Environment Programme, UNEP)赞助的一个登山团队登上了珠穆朗玛峰，他们此行的目的是对珠穆朗玛峰现阶段的环境健康水平进行评估，并探查气候变暖对该区域环境的影响。这支队伍首先报道的是他们称之为“关于气候变化影响方面令人吃惊的证据”。

本次登山队的领队之一——国际登山攀岩联合会主管 Roger Payne 指出：“很明显，全球变暖正在变成对山区的一个威胁——如果不是最大威胁的话。我们的身边到处都是气候变化的证据，景观中到处可见由突发的冰川洪水凿出的巨大伤疤，以及因冰川融水汇聚而几乎要溢出的冰川湖。这是来自我们一些人的观察，这其中有许多人终生生活在这些地方，他们的家园在这个变化中受到袭击。”

受威胁的物种——落基山鼠兔

落基山鼠兔是兔子的无尾近亲，生活在高海拔的地区。它是一种充满活力的小动物，在高海拔地区常常可以看到它们穿梭在岩石间，寻找干草以建造应对漫长寒冬的藏匿处。

犹他大学生物学副教授 Denise Dearing 说：“它们是极具魅力的动物，人们喜欢在山地看到它们。人们常常到山里去看鼠兔和土拨鼠，所以失去它们将是一种耻辱。”她很担心鼠兔会成为因全球变暖而灭绝的头一批哺乳动物。

就这点，美国地质调查局(United States Geological Survey, USGS)调查了美国西部有记录的 25 个种群。在 20 世纪，温度上升了 1 ℃，就有约 1/3 区域的鼠兔消失。

鼠兔对温度非常敏感。它们的皮毛非常厚实，因此不能在温度较高的区域生活。比如说，它们不能在 25 ℃的气温下生存超过 6 h。鼠兔的情况非常

① 译者注：2010 年全国人口普查结果为 1 370 536 875 人。

危险，因为它们的生境局限在一个很小的范围。它们仅生活在树线和山顶之间非常有限的区域。为应对全球变暖，通常生活在低海拔地区的鼠兔会向更高海拔地区迁移，因为那里有适合它们生存的较低温度。持续升高的温度将产生一个涟漪效应(ripple effect)，受到威胁的物种为了生存不断向更高海拔地区迁移。最后，鼠兔将不得不迁移到山顶。此时，如果山顶的环境也不适合它们生存，它们将面临无处可逃的困境，最后将灭亡。

Dearing 博士说："大气中 CO_2 的增加为全球变暖的一个方面，会导致作为鼠兔食物的植物具有毒性。"她补充道："鼠兔通常躲藏在雪下，但是根据气候模型的预测，为美国西部提供75%水资源的积雪正在减少。"

Dearing 博士并不是在美国西部观察这些现象的唯一科学家。其他的科学家们也正在寻找升高的温度、更多的极端天气事件、更频繁且更大的西部野火和更多物种濒临灭绝之间的联系。

犹他州立大学的名誉教授 Fred Wagner 强调："包括我们生活的方式，一切事物都会变得更热。夏季将变得更加炎热，冬季变得比较温和。我们即将见证山脉积雪覆盖的减少。这正在西部所有区域发生着。"

Dearing 博士强调："鼠兔是极其喧闹的动物，它们的沉默告诉我们，我们应该立即行动起来对抗全球变暖。"

受访的居民以他们独特的视角向登山队讲述了最近几年该区域因气候变化而经历的快速变化。尼泊尔山地协会(Nepal Mountain Association)会长 Tashi Janghu Sherpa 这样描述道："在过去的 20 年里，冰原经历了显著的变化，而且这些变化正在加速。"再做一个形象的比较，50 年前，Edmund Hillary 和 Tenzing Norgay 首次攀登了珠穆朗玛峰。现在，他们曾经爬过的冰川已经退缩了 5 km。现在登山者们需要走 2 个小时才能到达同一个冰川的边缘。

Janghu 先生非常关注冰川上曾经包含相互隔离的小池塘的区域。现在，这个区域有很多冰川在消融，使得这些小池塘可以连成直径一公里长的湖泊。当地居民担心如果这些冰川持续消融，消融的冰川水可能导致大洪水和泥流冲下山谷。其中一个冰川湖泊最近在山谷中暴发了一次大洪水，并冲毁了下游的所有桥梁。

UNEP 的科学家们已经使用卫星影像开始监测尼泊尔和不丹的 44 个冰川湖泊。这些水位高涨的湖泊，在未来的 5 年里随时可能暴发洪水灾害。

这次考察的向导 Pemba Geljen Sherpa 说："一切都在改变，你不可能再看到或听到我父辈时代的传统歌舞。为了促进这个区域的经济发展，让更多人拥有工作、增加收入和获得受教育的机会，我们需要更多的游客到这里来游览。我们无法控制全球变暖，这不在我们的掌控之中。现在的尼泊尔仅产出少量的与全球变暖相关的气体。应该由欧洲、北美的大的工业国家和日本来拯救我们的山地和赖以生存的环境。”

7.4 高山带面临的挑战

由于全球变暖,高山带正经历着最深刻的变化。除了显而易见的且易于量化的冰川消融外,高温还使得高山带向山顶发展。高山带一般被认为恰好在雪线以下,在海拔约 3048 m 或者更高的地区。不久,在温度长期稳步上升的情况下,高山带的植物和动物将无处可逃,无法适应这种变化的物种将灭绝。这不是危言耸听,这样的悲剧确实已经发生,鼠兔曾在落基山地区有许多栖息地,现在都已经被破坏。

植物也面临着同样的困境。有记录显示,雷尼尔山(Mount Rainier)和美国奥林匹克国家公园的高山铁杉和亚高山冷杉已经迁移到曾经为高山草甸的区域。黄石国家公园的白皮松也发生了类似的迁移,现在它们已经迁移到了山顶。如果白皮松此后再不能找到合适的生存环境,将直接影响灰熊的种群,因为它们是灰熊的主要食物来源。可见,全球变暖将会危及整个食物网。

在欧洲,科学家们开始为生物多样性以及脆弱的高山带生物的生存担忧,例如美丽的苔藓和野花,它们都处于危险之中。正如维也纳大学的 Georg Grabherr 所说,如果气候继续变暖,欧洲的高山植物将向北或向东迁移。据他预测,现在出现在地中海的植物将最终在中欧被发现。他现在进行的研究恰恰能证实这种预测。他确认高山植物已经开始迁移。植物不仅向北迁移,也沿着山坡向高海拔的区域移动。

他所关心的一个问题是,这些植物是否真的能够实现向北迁移,因为很多的自然栖息地已经城市化或者被人类挪为他用了。Grabherr 说:“当我们谈论生物多样性时,我们需要考虑那些可能会迅速消失的特殊生境。2003 年的夏季干旱使得很多生存于岩石上的禾本科草本植物死亡,那里本来应该有大量的水。甚至在传统的‘高山寒冷地带’,金山虎耳草也可能因为‘过热’而死亡。”

美国科罗拉多大学博尔德分校(University of Colorado at Boulder)北极和高山研究所(Institute of Arctic and Alpine Research)的 Vera Markgraf 说:“如果栖息地被占据或因为人类的介入而无法定居,植物的繁殖能力将降低。”

7.5 经济难题

高山地区已经受到了经济需求的影响，在这些经济需求面前，高山地区显得非常脆弱。随着森林遭遇干燥条件、火灾侵害和由入侵种引起的物种退化，其自然资源的质量开始变得越来越差，其数量也越来越少。森林火灾、虫害、病害、旱灾和物种迁移开始改变山地生态系统的健康和生物多样性，这将对来年垂钓、露营、远足、背包旅行和划船等休闲活动产生负面影响。

根据户外产业基金会(Outdoor Industry Foundation)2006年8月在美国犹他州盐湖城召开的夏季户外零售交易会(Outdoor Retailer Summer Market)上的一项关于经济对产业影响的研究，户外休闲产业对美国国民经济影响的份额为7 300亿美元。研究报告指出："这个数额包括了美国人花费在户外旅行和装备上的、为其提供装置和相关服务、还有支持他们的公司的。同样户外产业也提供了650万个就业岗位，这相当于美国1/20的工作岗位。并且为联邦和州贡献了880亿美元的税收，同时刺激了占全部消费中的8%的消费。"

如果全球变暖对高山地区的娱乐休闲造成负面影响(图7.4)，这将会引起当地、国家和国际经济一连串的连锁反应，特别是在商业领域，例如旅游业、交通业、运动器材业、食品业以及其他与休闲活动相关的行业。

图7.4 全球持续变暖，整个生态系统都会发生改变，这将对山地区域传统的休闲方式造成负面的影响，比如垂钓(Nature's Images)

在温暖的世界中，面临生存危机的一个行业是滑雪业。《今日美国》(*USA Today*)的一篇报道指出，全球变暖对于高山地区滑雪场和依靠滑雪业的当地经济来说是一个"严重的威胁"，特别是德国。事实上，经济发展和合作组织(Organization for Economic Cooperation and Development, OECD)对欧洲高山地区滑雪场进行了研究，宣称山地环境对气候变化特别敏感，还指出："现在该区域的增温程度大约是全球平均值的3倍。"

他们的研究指出，1994、2000、2002和2003年是近500年来有记录的最热年份。研究还指出："气候模型预测，在接下来的几十年里气候还会发生更大的变化，在低海拔的区域降雪将会更少，冰川继续萎缩，更高纬度的永冻土将融化。"

2006年12月与这个研究结果同时到来的是世界滑雪巡回赛。因受到积雪匮乏的影响，很多比赛都被迫取消。

OECD 指出，温度升高 1 ℃就足可以引起一些地方降雪减少 60%。同时还指出，低海拔地区比高海拔地区更脆弱。报告也为我们敲响了警钟："低坡度地区降雪充足的时代已经过去，特别是德国，其次是法国和瑞士。"

这些变化已经影响到支持滑雪场的产业。OECD 官员 Shardal Agrawala 指出，一些小型的滑雪场"已经关闭"（图 7.5）。

图 7.5 山地休闲产业中受到全球变暖打击最大的产业就是滑雪业。未来世界滑雪场的命运将因全球变暖而变得扑朔迷离。图片中显示的是参加犹他州公园城市度假村超大回转滑雪比赛的一名滑雪运动员（Nature's Images）

这个情形非常严重，瑞士的一些银行已经拒绝向海拔低于 1 500 m 的滑雪场提供贷款。最近有增温模型预测指出，在 2020—2025 年时间范围，如果温度升高 1 ℃，欧洲将只剩 500 个左右能够进行各种滑雪活动的滑雪场；如果温度升高 2 ℃，就只剩 400 个滑雪场能够继续经营。这是一个可怕的预测，因为 OECD 提到："阿尔卑斯地区的旅游业是当地关键的经济支柱。每年冬季假日有6 000 万～8 000 万的游客来到阿尔卑斯地区。"

2003 年苏黎世大学（University of Zurich）协助 UNEP 开展的一个研究指出："到 2050 年，全球变暖将使得全世界 50%的滑雪场关闭。"研究估计到 2100 年，温度将上升 1.4～5.8 ℃，这将迫使雪线上移 305 m。

研究已经证实奥地利的基茨比厄尔（Kitzbühel）地区和德国的奥伯斯多夫（Oberstdorf）地区在未来的 30～50 年里，降雪将非常稀少。滑雪、滑雪板等行业将可能关闭。

这个研究的带头人 Rolf Burki 博士指出："低海拔地区的滑雪场面临破产，这种情况将迫使在更高海拔的地区建立新的滑雪场和其他设施，这又会加大更高海拔地区环境的敏感度。"

UNEP 常务理事 Klaus Toepfer 说："气候变化将以各种极端天气的形式表现，例如飓风、洪水和干旱，对于整个世界来说都是一个巨大的难题。这个研究表明，不仅仅是发展中国家会深受其害，一些发达的国家同样面临着潜在的经济、社会和文化的剧变。"

7.6 案例研究——新英格兰地区的怀特山脉

在世界很多地方都可以发现全球变暖带来的影响，科学家们已经针对其中的一些重要影响开展了研究。本部分将聚焦于一个特殊的地方——新英格兰地区的怀特山脉。怀特山脉位于美国的新罕布什尔州和缅因州内。根据全球变化模型的预测，这里还将持续变暖，它所在的北纬度决定了其温度增长的速度远高于全球温度增长的平均速度。如果 CO_2 的浓度加倍，温度预期将增长 3～8 ℃。温暖的气候将导致一系列的生态后果。生态学模型预测，到 22 世纪末，温暖的气候将使北方阔叶林物种的栖息地向北至少迁移 161～483 km。阔叶林还将向山区更高海拔地区迁移。这个区域具有世界上最具观赏性、最具活力的树种。每年秋天，叶片变色时将吸引大批游客来到这里。如果这些树种迁移了，将对经济产生巨大的负面影响。海拔较高区域的土壤呈酸性并且非常贫瘠，可能无法支持森林的生存，那么阔叶林将可能面临灭亡的危险。

非常有趣的是，并不是所有的模型预测的结果都是负面的。其中一个模型预测气候变暖和空气中 CO_2 浓度的增加可能最终导致森林增产。如果是这样的话，森林将会以生物量的形式积累和储存更多的碳。生长季的延长和气温的升高将会增加木材的产量。这个模型还预测森林将更有效地利用水资源。

有一个理论可以解释北部森林在模型中出现意料之外的生物量增加——森林一般是受氮供应限制的。在增温情况下，森林地表植物残体（释放氮的底物）的腐败可以释放出更多的氮。但是，与这种情况相似的是空气污染也会增加氮的沉降，导致森林中的氮最终达到饱和。这种情况一旦发生，促进生长的阶段宣告结束，使得这种好处夭折。

这个模型运用在怀特山脉，可以解释某些区域的脆弱性。在极端或者不寻常的天气状况下，如冬天融雪、异常寒冷现象、春季和夏季干旱、夏季的热浪都有可能引起灾难性的后果。过去气候出现过快速变暖，曾导致大量森林枝叶枯萎。20 世纪 80 年代，由于在冬季缺少冰雪覆盖，加之后来又经历了严寒和夏季干旱，魁北克省的糖槭出现顶梢枯死（dieback）。

气候改变对该区域三个基本产业（旅游休闲业、枫糖业以及木材业）产生负面影响。旅游休闲业对这个地区的州的经济起到了至关重要的作用。来自新罕布什尔研究学院和美国环境保护基金会的研究表明，旅游休闲业每年为新罕布什尔州提供了超过 40 亿美元的收入，这相当于整个州 95% 的生产总值。每年大量的旅游者来到这里观赏迷人的秋色，在滑雪场享受滑雪，参与业余垂钓比赛，沿着山径徒步旅行或者漫步于大自然。

大城市对抗全球变暖的目标

科罗拉多州的丹佛市已经计划成为对抗全球变暖的先驱者。丹佛市的市长 John Hickenloope 希望从多方面解决这个问题并率先制定出“气候行动计划”。这个计划主要致力于利用替代能源减少温室气体排放，加强再循环，改变建筑规范以保证节能等问题。

这个计划不仅仅针对愿意实施这些改变的公众，它也具有强制性，包括惩罚电力和天然气的重度使用者以及按照行驶路程征收汽车保险费。

如果这个计划成功了，John Hickenloope 相信，到 2020 年，CO_2 的排放量将减少 440 万吨，这大约相当于两个小型燃煤发电厂或者 50 万辆汽车排放的温室气体量。

政府官员已经制定出几种可以完成这一宏伟目标的方法：

- 大部分的计划包括通过制定新建工程效率规范和旧房子销售的安置规范来鼓励节约能源。
- 对拼车出行，使用混合动力汽车和其他低污染汽车的人进行奖励，比如，停车时享有优先权等。
- 减少垃圾堆填区的甲烷问题（最主要的温室气体），该计划鼓励再循环，因此需对居民每周丢弃的垃圾征收费用等。

丹佛市正在制定他们的计划，而其他的城市已经开始实施他们的计划。比如在科罗拉多州的柯林斯堡，他们已经制定了从垃圾堆填区转移 50% 垃圾的目标。作为这个计划的一部分，他们已经禁止丢弃旧的电脑、电视、电话和其他电器，并鼓励重复利用这些产品。他们也要求居民为额外的垃圾袋支付费用。

柯林斯堡的高级环境规划者 Susie Gordon 说：“最大的不同是，以前你可能习惯在街上看到人们旁边有 15 袋草屑，现在你不会再看到这种情况了。据估计，现在城市里有 30%的废物被回收再利用。”

制定这个计划小组的联合主席，同时也是美国西图公司（CH2M Hill）经理的 Benita Duran 申明说：“这不是一个潮流或者城市间的竞争。全球兴亡，匹夫有责，推卸责任的时代已经过去。”

还有其他的城市跟着效仿他们，比如西雅图、波特兰和芝加哥。截至 2009 年 2 月，共有 911 个市长签署了美国市长气候保护协议（U. S. Mayors Climate Protection Agreement），并保证到 2012 年前采取行动以减少温室气体的排放。

西雅图可持续发展和环境办公室（Seattle's Office of Sustainability and Environment）的 John Healy 说：“在这个问题上，联邦领导没有表态。现在，推卸责任的时代已经过去，我们已经进入了行动的时代。”

西雅图的目标是到 2012 年减少 7%的全球变暖引发的污染问题。目前他们并不惩罚化石燃料的重度使用者，但他们鼓励居民在使用炉火时用从大豆中提取的生物柴油。生物柴油现在也可用于公共汽车和飞机。

俄勒冈州的波特兰，自 1993 年以来人均排放量减少了 12.5%。它是今年美国第一个成功达到温室气体排放目标的城市。

观赏秋季枫叶的旅游活动可能因为温度的升高而变成最糟糕的事情。一些气候模型预测，温暖的气候会使进入秋季之前的时间变长，这意味着糖槭叶片变色的时间将由之前的10月推迟到11月。但是，树叶的更替受温度和昼长的控制，不同的物种所受影响的程度不同，这可以导致秋季树叶呈现出不协调的色彩，也可能使得秋天的颜色不那么鲜明，从而直接影响其观赏度。

滑雪业同样在整个区域经济中占有非常重要的地位。全球变暖使得这个区域滑雪季开始得更晚，但结束得更早。现在滑雪季节从12月开始将持续到第二年的4月。具有造雪能力的大型滑雪场一般在感恩节前两个星期对外开放，一直持续到来年的4月下旬。两个气候模型已经用数据预测全球变暖带来的影响，其中一个模型预测温度将会上升2 ℃，另一个模型预测的数据是4 ℃。两个模型显示滑雪季节将比正常年份缩短16～35天，这意味着将损失10%～20%的滑雪季长度和收入。

温度的升高和降雨的变化对溪流的温度和流速都会产生影响，因此气候的改变也会影响到鱼类生境，特别是冷水性河流和溪流。怀特山脉普遍分布的冷水性鱼将无法在水温比较温暖的环境中生存。比如，溪红点鲑对生存的温度有严格要求，因此面对气候变化显得特别脆弱。降水时间或总量的变化可能对溪流质量造成不利影响。棕鳟和溪红点鲑将会是最早的一批因为气候变暖而灭绝的物种。

美国环境保护署(Environmental Protection Agency，EPA)的报告指出，冷水性鱼生境丧失的问题非常突出。虹鳟、溪红点鲑和棕鳟被认为是新英格兰地区休闲垂钓中重要的冷水性鱼类，很多州都可能丧失适合这些鱼类生存的生境。

同样，气候变化将不利于徒步旅行和露营。气温上升虽然可以通过增加山区无冰雪覆盖的天数从而延长适宜徒步旅行的季节，但是由于温度较高，降雨较少，树木死亡，病虫害暴发，频繁火灾和干旱将降低旅行质量。所有的这些问题都将降低怀特山脉的观赏性、吸引力和休闲娱乐价值。

使用糖槭的树汁来生产枫糖浆(maple syrup)，是怀特山脉地区的传统工业，可追溯到该地区作为殖民地前的时期。气候改变对该地区的枫糖业已经产生影响，其实整个新英格兰地区都面临着同样的问题：季节的缩短和利润的降低。

枫糖的生产之所以面临着这样的危机，是因为只有当昼夜温差较大时才会产生较强的液流(sap flow)。最理想的枫糖液流在早春时节产生，这段时间内夜晚寒冷(低于−3.9 ℃)而白天温暖(高于4.4 ℃)。随着全球变暖，昼夜温差(或称为日较差)减小。随着昼夜温差的减小，枫糖生产季节的长度可能受到压缩。如果夜晚变得更加温暖，那么产生最理想液流的天数将会减少，过去33天的典型季节里只有18天可以产生理想液流。随着气候变暖，产生最理想液流的天数将减至11天，这将引发严重的经济影响。

另外，如果温度的升高使得枝上的新芽提前发芽，那么此时收集来用于生产枫糖的汁液会因带有苦味而滞销。由于全球变暖，土壤条件变得更加干燥，这是枫糖业面临的另一个不利因素。潮湿和营养丰富的土壤更有利于枫糖的生产，温度的升高使得土壤变得更加干燥，那么树木的健康也会受到威胁。

木材业也是这个区域经济的重要组成部分。木材可用于生产家具、建筑材料，用于造纸。在气候变化条件下，很多树种在现有的生境中无法繁殖和生长。火灾干扰，病虫害暴发，以及暴风雨破坏的增加都会改变森林的物种和类型。另外，在温度分布改变的情况下，很多树种都可能死亡，这将降低它们短期的生产力。

根据气候模型，美国五叶松和红橡树（新英格兰地区最重要的两个树种）在温暖的条件下生产力可能增加。这会降低北部阔叶林（糖槭、白蜡树、黄桦）的质量，在极端或不寻常的天气状况下更是如此。当温度升高时，云杉和冷杉的数量可能降低，升高的温度可能迫使这些树种向更高海拔迁移。能够适应干旱条件的榉木或红枫的产量可能增加，但是作为木材资源来说却没有价值。

由于模型中有很多不确定因素，因此经济影响很难估计。从这点讲，土地管理者能够以预测结果作为指导。当未来经济模型变得更加准确时，模型所预测的风险和收益也将更加可信。

当全球变暖持续，每个地理区域（如怀特山脉）的自然资源、生境、工业和居民生活质量都将与全球变暖存在因果关系。在气温攀升情况下，我们必须应对以上问题，而这些问题也会彻底改变环境，这也是为什么阻止全球变暖十分重要的另外一个原因。

（曾胜兰、赵斌、谢潇、郭海强 译）

第 8 章

全球变暖对海洋生态系统的影响

面对全球变暖的影响,地球上的海洋环境也显得很脆弱。如第 5 章中所证明的全球变暖影响极地的海洋动物及生态系统,在温度持续升高的情况下,其他的海洋环境同样也会处于危险的境地。本章将首先关注中纬度地区的温带海洋及滨海环境和热带地区的海洋环境,以及为何不断升高的温度正在将地球上这些最脆弱的生态系统推向悬崖的边缘。而后将论述全球变暖对湿地、湖泊、河流及其他淡水环境和生活在这些区域的野生动物的影响。

8.1 温带海洋环境

全球变暖将会从多个方面影响温带海洋环境,包括温度的改变、海岸生态环境的变化以及强风暴路径的改变。其中最易预测的两个变化是温度上升和海平面上升,而其他的变化则显得更为复杂,这取决于它们与海洋环境其他要素之间相互作用的规模和程度。

这些变化很难用现有的气候模型来说明,因为它们的输出结果通常用于描述更大的地理空间尺度,而不是风暴形成的如此小的空间尺度。这些模型还不够精确,它们的空间分辨率还不足以模拟尺度较小的某个特定海湾或海岸。

联合国政府间气候变化专门委员会(IPCC)的数据显示,2100 年地表温度将比 1990 年高 1.4～5.8 ℃,这意味着海面温度也会上升。届时预期温度升高幅度最大的应该是冬季的高纬度地区。IPCC 相信这将会成为过去一万年内最大的温度增幅。温度上升将会导致河口和海洋生态系统发生极其显著的生态变化,而且这些变化预期将会迅速发生,以至于物种几乎没有时间来适应。

基于IPCC的数据，全球的平均海平面在20世纪已上升了10～20 cm。IPCC推测到2100年，海平面将会继续上升9～88 cm。这个上升过程是由两个原因引起的：(1) 现有海洋水体的热膨胀(温度越高，水体越膨胀)；(2) 陆基冰川和冰架的消融。

此外，IPCC还预测未来全球降雨将增加。冬季降雨将会增加，同时北半球中高纬度风暴也会增多。而在温带海洋环境，全球变暖对滨海和海洋区域还将会有特殊的影响。

8.1.1 全球变暖对沿海的影响

皮尤全球气候变化研究中心(Pew Center on Global Climate Change，以下简称为皮尤研究中心)是一个由商业领袖、政策制定者、科学家和其他专家组成的非营利机构，其目标是创建一个新机制来解决他们称之为极富“争议话题”的全球变暖问题。不带有任何政治或经济倾向，他们客观地看待这个问题，并将他们的研究和结论建立在坚实可靠的科学方法和开诚布公的讨论之上。他们相信全世界的专家能一起努力来保护气候，同时维持经济增长。

皮尤研究中心成立于1998年，已经发布了由其顶级研究者提供的100多份有关气候变化关键议题的报告，包括经济和环境受到的冲击，及国内国际政策上的可行性解决方案等内容。研究中心的领导与成员还常与美国议员和政府官员，以及国际组织首脑们举行简会。在商业上他们还与43个大公司开展合作，鼓励这些公司帮助提出可行性方案来解决全球变暖危机。2007年1月，皮尤研究中心参与创立了美国气候行动合作组织(U. S. Climate Action Partnership)，这是一个由大商业团体和环境组织构成的联盟，旨在督促美国联邦政府以立法的形式来显著降低温室气体排放。

根据皮尤研究中心的报告，全球变暖对河口及海洋生态系统最大的影响将是温度变化，海平面上升，降雨和径流的淡水供应量，风向格局(wind pattern)和风暴度(storminess)的变化。在这些较为脆弱的系统中，温度的影响是直接而且严重的。对于海洋动物来说，温度直接影响有机体的生物学行为，例如分娩、繁殖、生长、行为和死亡。下文将继续探讨全球变暖对温度、海平面上升、风环流(wind circulation)、水产业、藻类暴发和疾病的具体影响以及对海岸建设(coastal building)的长期效应。

8.1.1.1 温度

极端温度(包括最高和最低)能够对生物有机体造成致命影响。只需比它们适应的温度稍高几度，很多物种就会受到影响。甚至温度只上升1 ℃，就能对一些物种造成严重的伤害。例如，1976—1977年间，离洛杉矶不远的海湾表面温度突然上升了1 ℃，岩礁性鱼的种类就减少了15%～25%。甚至即使温度没有高到能导致生物死亡的程度，也能对有机体的生命功能如新陈代谢、生长、行为和生理学因素如繁殖时机及幼虫发育造成负面影响。

温度也影响着有机体生存区域的分布和控制着特定种群的规模。沿北美西海岸便有长期记录的例子。近岸海面比较暖和，远岸海域比较凉爽，这形成了一个渔业资源丰富的著名渔场。

温度差异还会影响到物种之间的相互关系，例如捕食关系、寄生关系和其他可能在有限资源争夺中发展起来的种间关系。如果温度改变了生物的分布，它同样会改变一个生态系统中捕食者、被捕食者、寄生者和各种竞争者间的平衡，因此物种间的平衡、食物链、生物行为及生态系统平衡都将被重新调整。

全球变暖也能够通过改变生理事件的发生时机来改变物种间相互作用的方式。其中一个主要变化就是很多物种繁殖时间的改变。温度上升会干扰食物供应与鸟类出生时间的关联性。这是个大问题，例如，对一些依赖于到达繁殖地时有某些特定食物供应的迁徙候鸟而言，如果温度上升改变了鸟类的迁徙时间，比食物供应时间早了几周，使之不再与这些迁徙鸟类保持同步，这些鸟类就会面临食物短缺，进而影响其生存。

温度也对水体的含氧量起着重要作用，因为它直接影响水体能够溶解的氧气。越温暖的水体中所含的氧气越少。如果全球变暖持续，海洋生物所能获取的氧气也越来越少，这将威胁到它们的生存。

关于以上这些方面已经收集了大量数据。根据皮尤研究中心的报告，在有关海洋温度对生物间相互关系（如捕食关系、寄生关系和其他资源竞争关系等）的影响上，仍需要进行更多的研究和收集更多的数据。

我们也可以使用模型来模拟海平面上升对大陆边缘的影响，例如，湿地被淹或海岸受到侵蚀，但在预测全球变暖对降雨量、风向格局、极端天气的影响方面仍然困难重重，还需要进行更多的研究。降雨直接影响河口，因为它影响了进入河口的径流量，从而影响河口区域的流通量。

8.1.1.2 海平面上升

陆基冰川和极地冰雪融化将导致海平面上升。根据皮尤研究中心的研究，海平面上升带来的影响将会因地理位置、上升速度、不同生态系统生物化学响应的不同而有所变化。位于大西洋中部和南部以及墨西哥湾（包括亚拉巴马州、佛罗里达州、密西西比州、佐治亚州和得克萨斯州）沿岸平坦的低海拔湿地被认为是最易受到海平面上升破坏的区域之一。滨海湿地是指那些有着湿润且疏松的土壤的滨岸区域，这些区域通常也被称为草沼（marsh）、树沼（swamp）和酸沼（bog）。

随着海平面的上升，海水将会淹没并侵蚀海岸线。海面将会漫过草沼和红树林区域（常见于墨西哥湾周边的几个州，如佛罗里达州），而海水会灌入土壤中。这些湿地本来并不含海水，海平面上升后，生活在其中的植物无法适应盐度，最终死亡。湿地也是一些野生动物（包括多种候鸟）的栖息地，因此海平面上升同样也会破坏它们的栖息地。

根据皮尤研究中心的研究，如果墨西哥湾沿岸湿地的周边不建造人类建筑（例如住宅区），内陆坡度相对较平，而且海平面上升速度比较平缓，野生动物就有机会通过向内陆方向迁移从而躲避被海水淹没的命运。皮尤研究中心认为："按照目前预计的上升速度，这些区域至少在未来的50～100年内是安全的。"

那些因海岸线附近城市化建设而导致潜在的湿地栖息地消失的地区，将会因为生物无法向内陆迁移而遭受灭顶之灾。这是对环境十分有害的，因为湿地是海岸生态系统生物生产力的重要组成部分。草沼提供了多种关键的生态服务功能。它不仅为许多野生动物提供了居住地①，也提供了繁殖地、育幼场以及庇护所。湿地是整个地球生态系统的组成部分，如果湿地遭到破坏，那么将会影响营养物质的转移和供应，能量流动，以及本地种可利用的栖息地。那些稀有的、受威胁的和濒危的动物（如美国短吻鳄、佛罗里达灰熊、西印度度儒艮、佛罗里达美洲狮、南部白头鹰、雪鹭、粉红琵鹭）所居住的湿地遭破坏将是最大的悲剧之一。如果海水入侵破坏了这些物种的栖息地，它们将会灭绝。

8.1.1.3 风环流

另一个需要考虑的问题是海洋环境的风环流（wind circulation）。风是由地球表面受热不均，尤其是赤道和极地之间的温度梯度引起的。然而，在全球变暖条件下，极地温度的增幅会更大，因此赤道和极地之间的温度梯度将会被削弱，最终将会削弱全球的风环流。

这些风驱动着地球海洋的表层洋流，而表层洋流的减速将会对大洋和滨海生态系统的结构与功能造成负面影响。减速的洋流无法将营养物质带到所需的地方。

皮尤研究中心的专家们推测，随着全球变暖持续，风速和方向都会发生改变，河口和海洋生态系统的生产力也将受到影响。在一些滨海区域（如美国西海岸）渔业资源丰饶多产的原因之一便是海岸边的冷水上升流（upwelling）。在热性能和环流模式作用下，上升流将冷水从深海带到海岸沿线的海面，为鱼类带来了丰富的营养物质，从而增加了滨海渔场的渔业产量。同时，这些深海水的涌升也为沿岸的浮游植物带来了营养物质。这种上升流是由沿岸的海风所驱动的，然而，如果海水形成稳定的温度层结或盐度层结，这些层结构将会对上升流形成阻碍，从而削弱上升流的作用。

从1951到1993年，加利福尼亚海岸就出现了这种变化所带来影响的情景。在这段时间内，海面温度上升了1.5 ℃，导致了富含营养物质的冷水上升流减弱，这使得浮游动物的量减少了约70%，这进一步损害了海岸的食物网，从

① 译者注：栖息地在中文的意思比habitat含义要广，包含了后面繁殖地、育幼场、庇护所的含义在内。译为栖息地和后文意思明显重复，故译为居住地。

而对鱼类和鸟类都造成了负面影响。

不过，对于这个问题，还存在不同的看法。美国国家海洋与大气管理局(National Oceanic and Atmospheric Administration, NOAA)的国家海洋渔业处的 Andrew Bakum 认为，全球变暖实际上可能会增强某些区域的上升流。他相信这种情况是可能存在的，因为绝大多数温室气体模型都预测陆地升温幅度比海洋的要高，这增加了二者之间的温差。这种变化的结果是，与离岸的高压气团相邻的陆地上通常形成的低压气团得到增强。这两种不同压强的气团之间形成的梯度能够产生海岸风，造成强上升流。

在美国东海岸，风环流模式的改变会使得营养物质和鱼类的输送减少，降低海岸和河口特有种如梭子蟹(blue crab)和鯥(bluefish)的丰度。若这些物种种群数目减少，滨海生态系统将受到威胁。

8.1.1.4 水产业

近年来，海岸养殖(通过特殊设备在海洋中养殖鱼类的方式)已成为人类一个重要的食物来源。根据联合国粮农组织(Food and Agriculture Organization, FAO)的数据，全球水产养殖业产量在 20 世纪 50 年代到 90 年代之间，以每年大约 10%的速度增长。FAO 估计，到 2030 年，水产养殖业产量将会超过捕捞产量。海洋水产养殖业是一个稳定增长的产业。

全球变暖对水产养殖业的影响将会是多方面的。一方面，更高的温度会增加水产养殖种类的生长速度，并使得一些目前太冷的地方也适合进行水产养殖。另一方面，现在适宜进行水产养殖的区域可能会变得太暖而不适合现有鱼类存活。皮尤研究中心认为，随着条件的改变，如果温度上升的速度足够慢，水产养殖应该能够跟上这种变化并将其负面影响降至最低。

8.1.1.5 藻类暴发和疾病

水产养殖业一个主要缺点是高浓度养殖废料的排放会污染邻近的环境，从而影响当地生态系统，促使藻类暴发。如果全球变暖成为事实，藻类暴发将会变得更为常见。温暖的海水含有更少的氧气，这样会加速微生物分解养殖废料的速度。在此过程中，氧气的含量进一步降低，从而使得问题恶化。随着全球变暖持续和温度持续攀升，许多疾病会变得更为普遍，病原体将会分布到更广泛的区域。这不仅影响海洋生物，而且也影响人类。

下文以牡蛎为例来说明这种效应。一种名为 Dermo(*Perkinsus marinus*)的原生动物能感染健康的牡蛎。较冷的海洋温度使这种病原体的感染率降到最小。随着近年来海水温度的上升，这种病原体已经传播到了美国东北部，并且记录在案。基于这个证据，罗格斯大学(Rutgers University)海洋与海岸科学学院的 T. Cook 博士认为，长期气候变化可能造成盐度和温度变化，使得病原体能够传播。气候变化可通过类似的方式影响其他水生病害的分布。

温暖的滨海水体在富营养状况(生态系统中化学营养物质的增加，通常为含氮或含磷的化合物)下也会增加有害藻类暴发的强度,这会破坏生境和贝类的繁殖地,同时对海洋生物和人类也有毒性。糟糕的是,近来世界上藻类暴发都增加了,而这很可能与全球变暖有关。让我们担心的是,当人类食用这些摄食了有毒藻类的贝类后可能会发生神经性中毒。

根据皮尤研究中心的研究,关于海洋生态系统中物种的适应与生存问题存在两派意见。一派意见认为,海洋物种有更广泛的地理温度范围、更强的迁移能力和更多的机会迁往新栖息地,因此海洋生态系统中物种的灭绝将远远少于陆地生态系统。另一派意见认为,海洋生物近期灭绝证据的匮乏,只是因为海洋系统是如此之大,以至于科学家们对它们并没有察觉,同时也没有收集到足够的有关海洋的数据。

8.1.1.6 沿海建设的长期效应

根据 2006 年 7 月 25 日《纽约时报》上的一篇题为《气候专家对更多的沿海建筑提出警告》(Climate Experts Warn of More Coastal Building)的文章,来自美国的 10 名气候专家认为,缺乏政府监管,在那些容易遭受飓风和其他形式恶劣天气袭击的地点进行无限制的海岸建设,是造成目前极端天气的最大原因,这些极端天气给人类带来了许多灾难,包括人员伤亡和财产损失。文章这样阐述专家们的意见:"无论飓风产生和气候变化之间的关系如何,那些遭受飓风袭击的房屋根本就不应该出现在那个位置。"

主要问题之一是社会和政治之间的固有矛盾。因为滨海区域是十分受欢迎的居住地,因此人们会对州议会和联邦议会施压,以获取已知危险区内的优惠财产保险。气象专家们称,对这些财产的理赔错误地助长了灾害天气的受害者在错误地点再次修建房屋的行为。"从长远看,联邦自然灾害管理政策在提供了许多人道救援的同时,也助长了冒险行为。"气候学家们也强调,像卡特里娜这样的风暴灾害即使是在稳定的气候条件下也是不可避免的。

Philip J. Klotzbach 是科罗拉多州立大学的一名飓风研究者。他并不支持全球变暖将会带来更频繁的或更猛烈的飓风这种说法。不过他谈道:"社会和经济的发展趋势十分明显,因为现在有更多的人生活在这些脆弱的滨海区域,不管怎么说,热带风暴很有可能造成毁灭性的影响。"

麻省理工学院的气候学家 Kerry A. Emanuel 认为,近几十年来,形成飓风的能量与人类造成的海洋升温存在相关性,他也警告人们不应在这些区域建房。

8.1.2 全球变暖对大洋的影响

因为大洋非常宽广,所以大部分有关全球变暖对大洋影响的预测都是由计算机模型模拟的。温度和环流(circulation)是主导大洋活动的两个最重要的功能因子,基于这两个因子所做的模拟模型在机理上已经被研究得相当透彻,在计算上操作也非常简单。可以使用计算机模型模拟大洋变化的另一个原因是人类对大洋影响的程度远远比不上人类对陆地的影响。

8.1.2.1 大洋输送带——热盐环流

温度和盐度相互作用而引起的海水运动将世界的各大洋联系在一起。这种各大洋之间的联系使得热量在全球范围内传输。冷水的密度高于暖水，所以会下沉到大洋的底部，而暖水会上升到大洋表面。盐度较高的海水密度也较高，这会使得它沉到盐度更低的水层下。这种密度上的差异正是驱动大洋海水运动的原因。

最重要的海水运动便是热盐环流系统，一般被形象地称为“大洋输送带”(图8.1)。在这个系统中，北大西洋表面冷而致密的海水下沉到海洋深处，再经过印度洋和太平洋，最终回到大西洋。这整个循环过程要花费数个世纪之久，是调节地球上大陆之间热量的最重要的循环之一。洋流在赤道区域吸收热量，上升到大洋表面，通过湾流及穿过欧洲西海岸的北大西洋暖流(North Atlantic Current)向北移动，缓和了欧洲西海岸的气候，使之变得比没有洋流经过的北半球同纬度地区要温暖适宜。

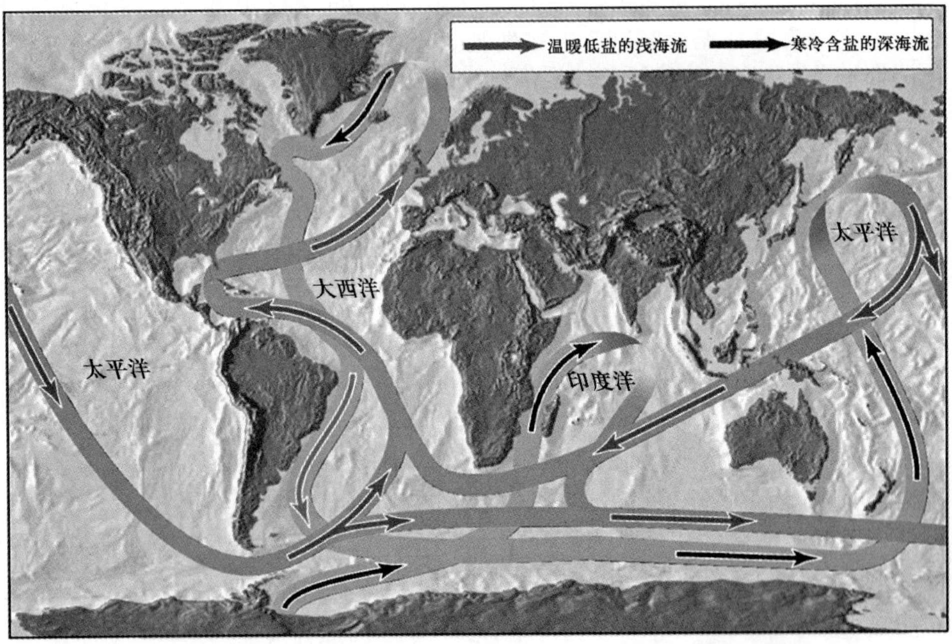

图8.1 热盐环流，或者称之为大洋输送带，在温度和盐度都不同的大洋之间输送着营养物质和热量

当这股洋流到达北冰洋后，它会冷却下来并带着其在海洋表层运动时所吸收的营养物质、氧气和二氧化碳(CO_2)沉到海洋下层，这个过程会同时形成一个

碳汇。深海生物能利用这些营养物质和氧气,但是由于深海缺乏阳光,所以CO_2没办法被植物通过光合作用所利用。

如果全球变暖加剧,来自冰川和冰帽消融的淡水会注入北冰洋并稀释其海水的盐度,这样海洋表面与深层海水的垂直混合作用会被削弱甚至停止。以上过程的结果会导致整个大洋输送带减速甚至停止。如果这一切真的发生,欧洲将再也享受不到大洋输送带通过湾流所带来的温暖,转而会进入一个冰期。

除上文所述之外,还有许多其他方面的影响。被削弱的垂直混合作用会减弱温带和亚热带地区的上升流。氧气将不能被有效地从海洋表面运送到大洋深处。经过几个世纪后,深海海水将会变得低氧(hypoxic)或者缺氧(anoxic)。

营养物质从海面向深海的输送也会受到阻碍,而那些深海生物(包括一些经济鱼类和鱿鱼)就要面临食物缺乏,这会破坏渔业产业。

根据现在海洋对CO_2吸收速率的测算,皮尤研究中心认为海洋的碳汇作用,即CO_2的吸收量是否会因为海洋不同深度间海水混合效应的削弱而减少还存在争论。这可能会导致大气中CO_2浓度上升,或者可能导致海洋表层生产力增加,从而增加CO_2的吸收。

IPCC第三次报告中提到,大气环流模型(GCMs)所预测的全球洋流对全球变暖的响应结果比较宽泛,其范围从“毫无响应”到“在2100年前减缓40%”。伯尔尼大学物理研究所的Thomas F. Stocker博士谈到:“热盐环流很可能伴随着全球变暖而产生变化,不过这种变化的程度和范围目前仍然无法确切得知。”

共同体气候系统模式科学指导委员会(Science Steering Committee for the Community Climate System Model)的主席Peter Robert Gent博士曾与美国国家科学基金会和美国能源部合作过,他认为:“反馈作用有助于维持全球变暖条件下热盐环流稳定,使其在21世纪内不会崩溃。”不过,他同时也警告:“现在我们对反馈作用如何影响热盐环流模式还知之甚少。”这里还有很重要的一点,他提到:“这些预测都基于一个假设——在2100年前大气CO_2的浓度不会超过工业化前的两倍。而那些基于CO_2浓度在2100年会高于工业化前两倍的模型模拟结果则显示在2100年前热盐环流的确会崩溃,并将整个欧洲带入冰期。”所以对全球变暖的研究仍然有许多未知领域,应进行更多研究。

8.1.2.2 海洋酸化

海洋酸化(ocean acidification)指的是海洋从大气中稳定吸收由人类活动所排放的CO_2从而导致海水pH持续下降的现象。根据德国全球变化问题咨询委员会(German Advisory Council on Global Change)的研究,现在海洋所储存的CO_2总量约为大气的50倍、陆地生态系统和土壤的20倍。海洋不仅是一个重要的CO_2库,同时也是最重要的长期CO_2汇。

因为大气与海水间的压差,一部分人类活动产生的CO_2会溶解于表层海水中。经过一段时间后(从几十年到几百年,或到数千年),CO_2 被洋流带入海洋深处。NOAA 太平洋环境实验室的 Christopher L. Sabine 认为,海洋现在每年约吸收 20 亿吨碳,这个数目大约相当于 IPCC 报告中所估计的人类活动所造成的碳排放量的 30%。根据 IPCC 计算,海洋在 1800 年至 1995 年间共吸收了约 1180 亿 t 碳。这相当于 48%的化石燃料燃烧累积所排放的 CO_2 量,或者 27%~34%的人类活动引起的总 CO_2 排放量(这里包括土地利用改变如砍伐森林等所造成的碳排放)。

目前,已经能在深达 1000 m 的海水中探查到人类活动产生的 CO_2。因为海水的垂直混合作用相当缓慢,耗时较长,所以这些人类活动产生的 CO_2 还没有沉到海底。然而,在北大西洋区域情况有所不同,因为海水垂直混合更容易发生,因此已经能在深达 3000 m 的海水检测到人类活动产生的 CO_2。

CO_2 在海洋中的表现与在大气中的有所不同。在大气中其化学性质是中性的,而在海洋中则具有化学活性。溶解的 CO_2 使得海水的 pH 下降,导致海水酸化。

从 18 世纪工业革命开始至今,海洋的 pH 下降了约 0.11 个单位。工业革命前的海洋 pH 为 8.18,呈微碱性,其后表面海水的酸性一直在增加。基于 IPCC 的模型预测,如果大气中 CO_2 浓度在 2100 年达到 650 ppm①,那么届时海水 pH 与工业革命前的水平相比将会下降 0.30 个单位。如果 CO_2 浓度上升到 970 ppm,pH 将会下降 0.46 个单位。

不过该变化的程度在不同地区而有所不同,这将对所有生物效应的幅度产生影响。根据英国皇家学会(Royal Society)的数据,研究人员相信海洋酸化"在我们的时代基本上是不可避免的。让海洋恢复到类似工业革命前的水平需要上万年的时间。我们可通过人工的方法来降低海洋酸化程度,比如添加化学物质的方式,但这并没有得到证实。这些技术充其量只能应用于一个较小的局域尺度上,而且还会对海洋环境造成危害。减少 CO_2 排放无疑是唯一将海洋在大空间尺度和长时间尺度上变化的风险降至最低的可行性方法。"

到目前为止,收集到的所有证据都表明,海洋酸化是由人类活动造成的,这包括化石燃料燃烧、森林砍伐和土地利用方式改变。这种酸化的程度能被精确预测,但是这种变化对多种生物生理的影响,目前仍无法被准确预测。然而,在海洋酸化对生物生理影响的分支研究方面,例如对生物钙化过程(某些生物如珊瑚虫和软体动物利用碳酸钙形成自己的外壳的过程)的影响,已经有一些进展。

受到海洋酸化负面影响最大的是位于热带和亚热带的珊瑚。海洋酸化可能会毁掉珊瑚礁生境。浮游植物和浮游动物是鱼类和其他海洋动物的主要食

---

① ppm:100 万份气体、液体或固体中某特定化学物质的含量。

物来源,它们同样会受到负面影响。关于全球变暖对此区域影响的研究仍处于起步阶段,需要更多的研究来理解全球变暖所导致的长期和短期的影响。

8.1.2.3 海藻是碳汇吗?

最近的研究指出,海藻对 CO_2 的吸收速度可以跟热带雨林相媲美。韩国的环境科学家 Chung Ik-Kyo 认为:“我们忽视了海洋的作用,只是因为我们没有关注到其中植被的作用,实际上海洋中存在大量能吸收 CO_2 的海藻和海草。”

这个观点很有可能是正确的,实际上现在已有 12 个亚太国家通力合作来计算海洋植物从大气中吸收了多少 CO_2,并通过碳的沉积来增加碳储量。

2007 年,来自 180 个国家的 1 万名与会者参加了在巴厘岛举行的联合国气候变化大会,在此次大会上确定了巴厘路线图(Bali Road Map),各种决议都期望达到未来气候的安全。其中一个主要的议题便是确认哪些是能将 CO_2 从空气中除去的潜在碳汇。

Chung Ik-Kyo 认为其中一个可能的碳汇便是海藻。海藻产量巨大,每年通过野生打捞或种植收获的量可达 730 万吨。然而,这个理论也遭到了批判。一些人认为保存这些碳很困难,因为这些碳虽然被海藻吸收了,但是还会在其他地方重新释放出来。另一个负面效应是海藻产量的增加对航海和渔业的影响还存在许多不确定性。

目前世界上较大的海藻生产国是中国、韩国与日本。那些支持使用海藻的人认为海藻快速的光合作用使得其成为吸收碳的最佳选择。

韩国渔业部的 Lee Jae-young 认为:“海藻比陆地植物能多吸收 5 倍的碳。”

澳大利亚莫纳什大学的 John Beardall 认为:“海洋光合作用占全球总光合作用的 50%,它们是非常高产的生态系统。”

除了将海藻作为 CO_2 储存库,以上这些研究者还建议使用海藻来生产作为清洁能源的生物能源。然而,怀疑此概念的人们认为,树木之所以是一个有效的碳储库是因为它们存活多年。与之相比,海藻从生长到收获总共就几个月,他们认为这种碳储存方式难以度量和控制。

其他批评者想知道将这些海藻脱水变成燃料的时候所需要输入的能量是否远大于海藻转化成的燃料能释放的能量,这在环境保护方面显然是不明智的。Chung Ik-Kyo 是这样回应这种质疑的:“这个想法仍处于早期阶段。如果将之比喻为一场棒球赛的话,我们现在还只是在练习区热身,正式比赛还远未开始。”目前,韩国和日本在这方面的研究处于领先地位。

8.2 热带海洋环境

热带和亚热带海洋环境代表了地球上一部分最多样化的栖息环境,这些栖息地的典型特征是存在造礁珊瑚，生活在这些水体中的复杂多样的"居民"们已经发展出了多种生存策略。这些生态系统如此复杂，需要一个非常精巧的平衡来保护这些众多的海洋资源，与此同时，还需支持主要的商业渔业和休闲业的经济行为。

热带海洋环境也面临一些与温带海洋环境同样的环境问题，如温度变化、海平面上升、风环流改变和藻类暴发。此外，热带海洋生境独有的问题则是升温给珊瑚礁带来的负面影响。珊瑚礁是地球上最脆弱也是受到全球变暖危害最大的生态系统。

8.2.1 脆弱的生态系统——珊瑚礁

因全球变暖而引起的热带海洋的升温、酸化和更频繁的风暴，使得世界所有的珊瑚礁都处于危险的境地。环境保护基金会（Environmental Defense Fund，EDF）的Rod Fujita说："珊瑚可能是全球变暖所导致的第一个生态牺牲品。"

图8.2 珊瑚礁为丰富多彩的生命提供了栖息地，因此常被称为海洋中的热带雨林，而全球变暖正在威胁着它们的存在。（NOAA）

根据美国海洋政策委员会的资料，珊瑚礁的失去对于沿海经济将是一个重大的打击（图8.2）。目前，这些珊瑚每年提供相当于3 750亿美元的食物和旅游收入。

珊瑚礁的破坏也是一个生态灾难。珊瑚礁有时也被称为海洋中的"热带雨林"，因为它们为丰富多样的海洋生物，包括礁性鱼类、海龟、鲨鱼、龙虾、海葵、海绵、虾类、海星、海马和海鳗等提供了栖息地（图8.3）。

图8.3 全球变暖会加热海水，这将威胁到热带珊瑚和生活在那里的海洋生物，例如海龟。（NOAA）

每年珊瑚礁还吸引许多来自世界各地的潜水爱好者，他们畅游在这个五彩斑斓、宛若世外桃源的美丽世界。珊瑚虫的摄食和颜色都依赖于一种称之为虫黄藻（zooxanthellae）的细小共生藻类。珊瑚虫的温度耐受幅（tolerance range）极窄，这意味着它们只能在一个非常小的温度范围内生长。实际上，如果水温仅仅比夏季典型最高温度升高1.1 ℃，就能让珊瑚虫排出虫黄藻变成白色，这个过程被称之为珊瑚"白化"。如果珊瑚白化现象持续较长时间，珊瑚虫则会死亡。

不幸的是，迄今在世界范围内已有好几起严重破坏性或致命的珊瑚白化事件发生。在1997—1998年期间，这个有记录以来最热的一年里，世界各地报道了大量的珊瑚白化事件，全球16%的珊瑚礁都受到严重的破坏。升温甚至导致了一些生长了千年的古老珊瑚死亡。EDF的一位科学家Doug Rader说："在一个世纪内，相当一部分珊瑚礁可能会消失。这也许很难让人相信，不过这的确就发生在我们眼皮底下。"

不过Rod Fujita的看法要乐观得多："珊瑚虫很敏感，只要条件合适它们也很具有韧性。如果我们能减少一些来自人类活动对珊瑚礁的直接压力，如各种污染源，这可能会使得珊瑚礁生态系统更好地应对气候变化。如果建立更多的自然保护区，将使得珊瑚礁生态系统更好地抵抗过热的海水，同时不会轻易灭绝。不过就算如此，面对如此剧烈的变化，可能将只有一小部分珊瑚能适应而幸存下来。"

《纽约时报》的一篇文章指出，科学家们已经确定海洋上升的酸度正在对珊瑚礁内的海藻和珊瑚虫造成伤害。美国地质调查局(United States Geological Survey, USGS)的Ilsa B. Kuffner参与的一项实验证明，当海水吸收CO_2时会使得海水碳酸根的饱和度降低，从而导致钙化作用下降。珊瑚虫通过钙化作用来形成它们的骨骼。海洋酸化对于那些紧紧附在礁石上生长的藻类也有负面影响。这种藻类是另外一种重要的珊瑚礁建造者，扮演了一个黏合剂的角色，将珊瑚礁连接起来，有助于维持珊瑚礁生态。

Kuffner的实验结果显示，在高温和高酸度环境下，藻类会变软，变得不健康，而且抵抗力也会随之下降。

8.2.2 全球变暖对珊瑚礁的影响

根据世界自然基金会(World Wild Fund for Nature, WWF)的报告，世界上的珊瑚礁已经遭到了非正常变暖海水的严重破坏(图8.4)。他们预测如果全球不能降低CO_2排放量，那么到2050年，澳大利亚的大堡礁将只剩下不足现在的5%。他们预计"如果按照现在的破坏速度，相当一部分的珊瑚在我们有生之年就会消失"。

WWF已经将塞舌尔群岛和美属萨摩亚确认为珊瑚白化灾害发生的高危区域。联合国教科文组织(United Nations Educational, Scientific and Cultural Organization, UNESCO)已将塞舌尔群岛列入世界自然遗产。它们拥有多样的珊瑚和罕见的陆生物种如象龟。除了不断攀升的海洋温度，这些地区也受到全球变暖带来的其他危害，包括更频繁的热带风暴(会击碎珊瑚)，更频繁的降雨、洪水和河流径流(沉积在海洋沉积物中)。

图 8.4 珊瑚礁无论是在以娱乐为目的的还是在以科研为目的的潜水者中都相当受欢迎。随着全球温度的上升，这些珊瑚礁将会被破坏(NOAA)

美国国家航空航天局(National Aeronautics and Space Administration, NASA)认为珊瑚礁是一个高度复杂，而且适宜进行多种探索活动的场所。“对于海洋生物学家来说，失去珊瑚礁是一件令人心碎的事情。按照现在珊瑚礁消失的速度，等到能拯救它们的整体方案出台时可能为时已晚了”。

不过 NASA 哥达德飞行中心和世界各地几所大学的科学家们至少有一个部分解决方案。他们解译了由 Landsat7 和其他高分辨率传感器所获得的海洋边缘浅水区域的卫星影像，绘制出了珊瑚礁环境的地图。他们预计在资助下能很快完成一幅世界珊瑚礁生态系统的全景图，以便从大尺度上确认对珊瑚礁的生态威胁。

马尔代夫是由位于印度洋的 1 200 个岛屿组成的一个国家。Abdul Azeez Abdul Hakeem 是这个国家的一位科学家，他致力于帮助马尔代夫的珊瑚在全球变暖情况下存活。Azeez 同时也是一家名为“马尔代夫悦榕庄”(Banyan Tree Maldives)生态友好度假村的主管，除此之外，他还管理着一间世界级的海洋实验室。实验室的成员花了大量的时间来研究珊瑚虫以及如何保护珊瑚礁生态系统。这些珊瑚礁为许多奇特的鱼类提供了生活环境，并吸引了来自世界各地的游客。

Azeez 开始关注珊瑚始于 1998 年，当时一次强烈的厄尔尼诺(El Niño)现象使海洋升温并且使得珊瑚虫处在危险之中。“当时温度上升到了 33 ℃，33 ℃简直就是一个沸腾的地狱，马尔代夫 80%～90%的珊瑚虫都死了。我根本不敢相信整个区域就这样被摧毁了，直到这一切发生在眼前，否则没有任何一个人会相信所发生的一切。然后我也认识到，全球变暖使得我们正处于危险之中，而且这种事情还会再次发生。”

这个事件发生后，Azeez 开始寻找保护珊瑚的途径。他发现附近人工礁石上的珊瑚虫在 1998 年的厄尔尼诺现象中幸免于难。那些礁石是一个电力实验的产物，当时并没有人明白它是如何保护珊瑚虫免受酷热影响的。

Azeez借鉴了这种设计理念，用钢管建造了一个通电的珊瑚礁，并将之连接到位于“悦榕庄”沙滩上的电源。微小的电流吸引海水中的物质附着在钢管上，形成适宜珊瑚虫居住的厚厚石灰石外壳。这种人工珊瑚礁非常适合于建在离岛较远，水下约5 m的深处。

这种珊瑚礁如同一个海底园艺师。各种不同种类的珊瑚虫在这个受到保护的水底花园繁育生长。

“指状珊瑚、硬珊瑚，块状珊瑚。我们尽可能地培养各种类型的珊瑚，”Azeez解释道，“这些珊瑚礁如同一个健康的珊瑚礁生态系统一样，也吸引猎物及其捕食者。”

Azeez认为他的人工珊瑚礁相当于一种“珊瑚虫温室”。他相信在下一个厄尔尼诺来临的时候，这些设施将能保护相当数量的珊瑚虫。Azeez称：“你可以从这些珊瑚上取一块带回去打造你自己的海底花园。”对于Azeez来说，目前这个移栽实验进行得非常顺利。Azeez说：“我们真正的敌人是全球变暖。”

根据1995年美国《国家地理》(National Geographic News)上的一篇新闻，在伯利兹大约10%的珊瑚群落已经死亡。“这些珊瑚白化与海洋温度升高之间的关系是不可否认的，”一位在伯利兹工作的WWF珊瑚礁专家Melanie McField说，“全球温度上升已是事实。现在有大量的数据证明海洋温度上升是导致珊瑚白化的主要原因，这方面的争议也很少。不过将温度全面升高与全球变暖联系在一起，仍然存在一些争议，但是这些争议一年比一年少。我想大部分科学家都同意全球变暖正在发生，并且是导致珊瑚白化的根本原因。与其举起双手来高喊‘我们没办法控制温度上升’，不如更积极、更努力地去控制一些局部活动的影响，例如污染和过度捕捞。”

尽管考虑到珊瑚在未来受到破坏已经是不可阻挡，环保主义者们仍认为在影响珊瑚礁健康的众多既定环境因素里面，仍然有许多值得我们现在就采取行动并努力帮助珊瑚礁恢复。

8.2.2.1 自然保护与维持

脆弱的海洋栖息地所面临的严峻压力正在唤起世界公众的注意，人们也开始关心这些美景的外界环境和未来存亡。我们对海洋生态系统正在经历的变化越来越了解，人们也越来越关注通过建立海洋自然保护区来保存、管理和保护这些海洋资源，使得它们在未来不至于消失。人们必须小心谨慎地选择自然保护区的位置，以求最大限度地保护和保障物种的多样性。

2006年6月16日，美国时任总统乔治·布什将夏威夷群岛西北部划归为国家纪念区(national monument)，这一举动创建了世界上最大的海洋保护区，为数千种海洋物种的生存提供了重要的栖息地。

大自然保护协会(Nature Conservancy)的前任主席Steve McCormick说：

"我们赞赏政府的远见和在保护这片不可思议的区域中所起的领导作用。将夏威夷群岛西北部划归为国家纪念区的行为,将保障这一国家宝藏的健康,并可完整地世代相传。"

这个自然保护区包括面积约为 1.3×10^4 km^2 的珊瑚礁,这占美国珊瑚礁总面积的70%。

根据美国《国家地理新闻》(http://news.nationalgeographic.com)的报道,由一些拉丁美洲国家、环保团体组织和联合国部门组成的联盟正在致力于创建一个称为"东太平洋热带景观"的海洋保护区,属于世界上最大的几个海洋保护区之一。这个新的保护区面积将高达 2.11×10^6 km^2,范围从哥斯达黎加的科科岛一直到厄瓜多尔的加拉帕戈斯群岛。创建这个保护区是为了保护大量的海洋物种,延伸现有的保护区,巩固现有和规划中的保护措施。这个保护区将包括以下几个目前已被列为世界自然遗产的区域:厄瓜多尔的加拉帕戈斯群岛海洋保护区、哥斯达黎加的科科岛和巴拿马的科伊瓦国家公园。

现在有一些环保组织致力于改善海洋生态系统的健康水平。对环境和人类而言,值得庆幸的是,成千上万的人选择参与到这项活动中并发挥作用。

8.3 淡水环境

地球上只有2.58%的水体是淡水,其中1.97%是冰川和冰帽,剩下的0.61%才是以湖泊、河流和地下水形式出现的淡水。地球的气象过程如降雨、蒸发和水蒸气输送决定了特定时间内淡水的总量和分布。

没有淡水,生命将无法存活,淡水是最重要的必需品。湿地和河流生态系统为生命提供食物和淡水。湿地是自然界的天然过滤器,它能过滤水中的有害物质从而净化水质。淡水供给量在一定程度上能决定主要生物群落类型的分布。人类的活动如饮用和烹饪、灌溉农业、工业、航运、渔业和娱乐都直接依赖于淡水供应。

8.3.1 IPCC的评估

根据IPCC的报告,目前在世界的许多地方,快速增长的人口数量已经超过了淡水的可供应量,而全球变暖会使得某些地区的淡水供给变得更为困难。升高的气温会导致严重的后果。河流和湖泊的冬季冰封期将会缩短,其趋势是结冰的时刻推迟而融冰的时刻提前。这一切已经在欧洲发生了。结冰时间、破冰时间以及冰封期持续时间都非常重要,因为它们会影响生物和生态两方面的过程。如果降雨减少,水流量也会随之减少,而这会影响到湖泊和河流,并导致水生动植物区系的栖息地和繁殖地发生改变。IPCC还确认那些水文学上的孤立系统，如湿地和洼地，是全球气候变化影响下最脆弱的区域，而那些沿着大型河流和位于大型湖泊岸边的区域受到的影响最小。

由于升温和降雨减少，淡水供应会下降，因此围绕水资源的竞争也变得更加激烈。即使部分地区冬季的降雨有所增加，但是只有这些水作为地下水或者作为冰川水储存起来并在春天融化，这种增加才有意义。据预测，夏天将会变得更暖更干，这也会使得淡水生态系统的状况继续恶化。

为何河口对自然环境如此重要?

对近岸海洋环境而言，河口十分重要，因为它们是极其高产的生态系统。河口是指被半包围的水体，可以在类似潟湖(lagoon)的区域中找到。它们处于海水和淡水相遇的缓冲区域。

因为河口处在两种不同类型的、相互作用的水体的交汇区域，因此其盐度随时间而变化。例如，如果陆地有大量的淡水流入河口，会使河口中水的盐度降低。相反，在干旱的年份，因为淡水流量减少，河口的盐度会升高。由于这种变异性，生活在河口的野生动物必须能够适应随时间变化的盐度。

陆地河流将必要的营养物质输送到河口，但是它们也传递有害的污染物。比如，如果河流上游的农业种植区使用了高浓度的除草剂，这些化学物质将会通过径流进入河口，引起严重的污染，并很可能会杀死生态系统中的生物。污染物包括尘土、化学物质、城市污水和无机废弃物。而一些软饮料的塑料包装物可能会缠住一些野生动物，比如火烈鸟，从而导致它们的非正常死亡。

河口常见的植物包括水草、红树和微型藻类。草沼和红树林都依赖于陆地冲刷下来的沉淀物来形成生长所需的沉积基质。随着时间推移，沉积物不断被收集，沉积层变得更厚，使得红树生长并形成一个厚厚的屏障。一旦这些屏障被建立起来，它们能保护临近的陆地和人类免受由强烈的海岸风暴或者飓风引起的风暴潮(storm surge)危害。

草沼也拦截径流中的营养物质和污染物，并且保护对氮敏感的海草的健康，因此草沼在维持海岸食物网平衡中扮演了一个重要的角色。营养物质的输入维持了河口极高的植物生产力，而这又维持着较高的动物生产力，这其中就包括经济鱼类。马里兰大学环境科学中心切萨皮克生物实验室的 Edward D. Houde 博士和渔业研究院的 Edward Rutherford 认为，淡水和营养物质的输入通过复杂的途径影响着密歇根的渔业产量。根据他们的估计，虽然河口只占全球海洋环境的 0.5%，但是却提供了全球 5% 的渔业产量。

根据美国国家安全委员会(National Safety Council，NSC)环境健康中心的信息，约75%的商业鱼类和贝类以及近90%的休闲活动中捕捉的海洋生物种类，都依赖河口作为它们的孵化场、育幼场、觅食地或居住地，或者作为迁徙时的中转站。

河口还有许多经济功能，它们常常作为休闲活动的场所，例如，游船、打猎和观鸟。迁徙鸟类依赖河口作为觅食场所。例如，墨西哥湾的湿地几乎容纳了中部迁徙路线上75%的迁徙水禽。

不幸的是，随着人口的增长和海岸城镇建设的加剧，自18世纪80年代起至今，美国超过50%的内陆和滨海湿地已遭到破坏。

8.3.2 全球变暖对淡水和湿地生态系统的影响

科罗拉多州立大学，东卡罗来纳大学和路易斯安那州立大学的科学家们完成的一项研究证明，全球变暖对淡水生态系统有着毁灭性的影响。在他们题为《水生生态系统与全球气候变化》(Aquatic Ecosystems and Global Climate Change)的报告中提到，全球变暖对于鳟鱼、鲑鱼和其他几种水生动植物将是毁灭性的。科罗拉多州立大学的研究者们预测鱼类栖息地将会有重大改变，水质仍会持续下降，湿地也会不断减少。总之，河流、湖泊和湿地都将会受到严重影响。

N. LeRoy Poff是科罗拉多州立大学的一位淡水生物学家。他认为："湿地和水生生态系统面对气候变化是非常脆弱的。全球变暖引起的地表温度上升将会显著打乱现有水生动植物的分布模式，并且改变基本生态系统过程，从而导致重大的生态变化。"

在全球变暖情况下，估计受影响最大的两种冷水鱼类是鳟鱼和鲑鱼。这两种鱼类很可能从它们现在的地理分布区消失。物种尝试向北方迁移或者向更高的海拔地区迁移的努力不一定会成功，因为人类的城市化建设阻挡了它们的去路。如果无处可去，这些物种很可能灭绝。然而，对于那些生活于温水环境中的鱼类，又是另一种情景了。生物学家们预测这些鱼类，如大口黑鲈和鲤鱼，它们的地理分布区将会扩张，最终遍布于美国和加拿大。

水温上升，哪怕是几摄氏度，也会对野生动物的适应需求产生重要的影响。比如，水体表面温度上升4 ℃，一些水生生物必须向北迁移680 km才能维持在温度上升前同样的环境条件(图8.5)。

根据科罗拉多州立大学的研究，水质也将成为一个问题。因为春季融雪和径流量的减少，以及温度的升高，会导致水质下降。更高的温度会刺激藻类繁殖。藻类繁衍越旺盛，水中的溶解氧含量越低。

Poff在研究中强调："因蓝绿藻类繁殖而引起的湖水溶解氧降低会导致大

型食肉鱼类的缺失，从而对食物链产生不良影响。”他还补充道：“气候变化可以对水生生态系统产生其他一些微妙的影响，如降雨格局的改变。在未来一个世纪里，那些冬天惯常下雪的区域很可能变为下雨，这会导致洪水暴发并杀死那些留在小溪里面的鱼卵，而较少的积雪还会使河流在干旱的夏季无法获得融雪的补充。”

图 8.5 火烈鸟在河口或者自然潟湖中相当常见。随着海平面的上升，这些栖息地将遭到破坏，而那些生活在这个地区的野生生物的健康也会受到威胁(Nature’s Images)

这份报告的作者，科罗拉多州立大学的淡水生物学家 N. LeRoy Poff、东卡罗来纳大学的湿地生物学家 Mark Brinson 和路易斯安那州立大学的河口生物学家 John Day 二世都认为全球变暖的效应非常难以预测，这是因为此时准确的温度变化只是根据目前最为精确的气象模型预测得来的。不过他们也都同意“面对不可避免的气候变化，人类可以采取行动将生态系统受干扰的风险降到最低。”

8.3.3 生态系统与人类的对策

根据皮尤研究中心的结果，水生生态系统适应气候变化的能力是相当有限的。植物和动物可以迁往更北或更高海拔的地区，不过这些水生生物迁徙能力差别很大。那些不能迁移的物种就会灭绝。由于人类的活动与干扰，许多水生生物在空间上已经被孤立起来，这使得它们更难应对气候变化。在所有的水生生态系统中，本地种预计会大量灭绝。此外，目前还不知道，当那些尝试迁移的物种首次接触到新的、非本地、更具有恢复力的引入种时会发生什么。

皮尤研究中心强调，预测未来水生生态系统将如何响应全球变暖问题的一个重要不确定性是在变化过程中，人类将如何与这些水生生态系统相处。目前人类活动已经严重干扰了水生生态系统，这些人类活动包括修建水渠、堤坝、水库和抽取大量地下水。随着时间的推移，这些行为改变了自然过程，并增加了水生生态系统的脆弱性。

人类未来面临的一大挑战是找到一种适应全球变暖的方法，这种方法能使水生生态系统受到的影响降至最低，这需要人们减少污染、减少外来种引入、停止对现有水生自然栖息地的破坏。

皮尤研究中心强调，人类每天都非常依赖于内陆淡水生态系统和滨海湿地生态系统所提供的主要食物和生态服务功能。如果人类希望这个过程能延续下去，那么科学家和政策制定者必须致力于最大限度地减少对淡水生态系统的负面影响，并且教育民众，采取最好的方法来维持处于变化世界中的珍贵自然资源的健康和可持续性。

（谢潇、赵斌、郭海强 译）

第9章

结论:路在何方

随着全球变暖进程的加快及地球温度的持续增加,其对地球生态系统的影响也日益加剧。气候学家们已经开发出了大气环流模型(GCMs),可输入类似二氧化碳(CO_2)浓度之类的数据,通过调整和控制一些变量来观察所研究的生态系统将会发生何种变化。例如,他们调整 CO_2 的浓度而将其他所有变量设为常数,可研究不同浓度的 CO_2 对气候产生的影响。气候学家利用数学模型,辅以对生态学和生物学概念的全面了解,对未来进行预测、规划甚至尝试管理。本章将首先着眼于物种在快速变暖的世界中必须面对的现实及适应过程。之后,将介绍气候学家关于全球气候变化所得出的一些结论和重要的经验教训,以及未来在哪些方面尤其值得注意。最后,得出结论,每个人都可以付诸努力,帮助那些不幸的野生动物渡过难关,因为温度上升导致它们无家可归。同时,人们还应努力保护当今和未来的环境。

9.1 适　　应

为了能在全球变暖的条件下生存,物种必须进化或产生适应。对于一个物种来说,产生一个重大的适应(例如对温度或氧气浓度的适应)是一个漫长的过程。成功的适应过程可能要经历成千上万年,甚至更长的时间。以现有物种的生理适应能力来看,它们无法跟得上现今全球变暖的速度。在整个进化史中,有机体已经进化出一些机制,用于调节气候条件以满足它们进行生存和繁殖。从生物学角度来看,为了应对气候变化,它们将自动产生适应,当然,这只需要凭借它们自身的力量就能完成。但是,由于物种必须依赖于它们自身的内在能力来产生适应,这个适应过程是无法根据环境变化来进行加速的。残酷的现实是,如果合适的生境消失,或者环境的变化的速度超过了物种能够适应或者迁移的速度,那么物种就可能发生灭绝。不幸的是,这将导致生态系统中生物多样性减少。在这种情况下,生态系统中生物多样性所表现出的优势不复存在,最终将危及整个生态系统。

多伦多大学的Jay R. Malcolm博士和马里兰大学的Louis F. Pitelka博士为皮尤全球气候变化研究中心准备了一份报告,根据这份报告,在未来几个世纪,进化上的改变也无法拯救物种。他们认为,只有生命周期非常短的物种(一年或者更短),才能真正通过进化上的改变避免灭绝。不幸的是,满足这种条件的物种只有杂草和害虫,它们极有可能通过进化的方式适应环境的改变。

因此,针对这个问题,专家们推荐了几个不同的解决方案。为了让物种尽可能强壮及健康地生存下来,最好的解决方案是预先规划并维持其整个生态系统结构与物种组成。专家们确定可采用如下四种方式:

(1) 减少景观破碎(保持物种在一起,不要将物种在景观上四处分散)。

(2) 不使现有的生境退化(控制入侵种和污染,控制侵蚀及其他土地退化过程)。

(3) 增加生境块(habitat blocks)和碎片的连通性(在生境之间建立廊道,维持物种间的联系并可彼此间自由移动)。

(4) 减少外部人为环境的压力(使其远离都市以及其他人类活动)。

为了成功实现上述解决方案,土地和资源管理者必须采用已有的合适策略来保持生物多样性和保护自然资源。这绝不是在气候变暖的最后一分钟所进行的紧急避险计划,而是必须提前全面考虑所有的因果变量,并在此基础上做好充分的准备。值得考虑的问题是,为物种目前的存在和未来可能所需的迁移栖息地准备足够的区域,并有合适的计划来保证物种迁移至已鉴定的区域。在保护区以外生存的物种也同样需要进行考虑。当气候发生变化时,需要考虑、规划和提供这些物种迁移的路线。尽可能保证目前环境的健康,免遭污染,保证物种健康,这样当迁移的时间来临时,它们才有能力应对。当物种来不及适应的时候,人们必须为生态系统的健康做出规划,以便在未来可保护它们。

9.2 结论/经验教训

通过对古气候数据的研究发现,气候是控制植被和动物分布及生存的最关键因素之一。气候变化往往导致物种分布的变迁以及生态系统健康的变化。

根据NASA几个科学家提出并被IPCC应用的气候模型,尽管各模型得出的结论略有差异,但科学家们一致同意全球变暖将导致生态系统发生重要变化,它迫使种群向两极迁移以及向高处的低温区延伸。生态系统发生的一些变化是如此之大，以至于仅部分物种能生存下来，最后导致全球的生物多样性减少。这种变化发生得越快、越剧烈，生物多样性的减少则越迅速。这将成为最适者幸存的经典范例。

改变的生态系统将彻底影响我们的各个方面。例如，农业生产将从美国的大平原地区向北部的加拿大迁移；科罗拉多州、犹他州以及加利福尼亚州的滑雪度假村将不再有相对稳定的雪量来维持一直以来成功的冬季商业运营；每四年在世界不同国家召开的冬季奥林匹克运动会也将成为过去；地球上色彩斑斓的珊瑚也将最后呈现出幽灵般的白色——这或许是对过去凉爽、舒适、健康时光的一种缅怀吧。

气候模型很难明确指出一些小区域，如特定的海湾，流域盆地，山脉或者城市环境，即将发生什么，因为仍有许多的不确定性存在，因此难以提出成功有效的气候管理规划。由于人类之前从未处理过气候变暖的问题，因此今天所做的研究和发现更像是在地球尺度的实验室开展的一项庞大的科学实验。

同样，了解全球变暖也不是一个十分明朗的话题。由于存在其他的自然因素影响地球气候系统（如我们在本书前面所讨论的），变化的气候有多少是由全球变暖造成的很难界定。这也为我们提供了学习的机会。

全球变暖不仅仅是一个科学问题，它非常值得讨论。目前全球变暖被证明是真实的、严峻的，并以一种令人担忧的速度发展着，这并不像以前的任何问题，它将涉及地球上的每个人。为此，人们必须能够适应一些变化，包括能源利用发生的变化，获取食物的差异，适应可用物品和服务的更替，改变消遣和生活方式，以及个人生活的其他许多方面。全球变暖是一个实实在在的问题，地球上的每个人都牵扯其中（图 9.1）。没有人可以袖手旁观！

图 9.1 全球变暖不是未来发生的一种状态，它已经成为现实的问题，正在消极地影响和改变着生态系统。如果这个过程不被减缓并停止，生态系统的损害将不可逆，许多物种将无法继续存活（Nature's Images）

9.3 帮助的方式

许多人认为全球变暖仅仅是“需要某些人开始做一些工作来处理的问题”,但是他们应该追问一下“那些人到底是谁?”现实情况下,地球上的所有人或多或少都是这个问题答案的一部分,每个人都需要做自己该做的事儿来拯救地球。这里需要强调指出的一点是,我们并不是前途渺茫。野生动物保护者组织(Defenders of Wildlife)的气候学家们相信,全球变暖仍是一个我们可以解决的问题。如果所有国家立即采取行动,那么全球变暖的进程将显著放缓。在当今这个技术和新科学突飞猛进的时代,寻找一个解决方案还是充满希望的。

野生动物和植物的未来取决于人类今天的行为。我们的未来需要高水平科学家和决策者的领导,将计划付诸实践,来处理目前的行为。例如,用可再生能源替代化石燃料,保护自然资源,尊重环境。这将涉及个人生活方式改变的选择,但人类生活是富有弹性的,只要有决心,一定能成功。大气中已有足够的温室气体,尽管我们今后会非常努力地处理这些问题,但是一些全球变暖过程可能仍会不可避免地发生。如果所有的人都向一个共同的目标而努力,对抗全球变暖这场战役必将取得最终的胜利,地球生态系统也将得到些许喘息。

(沈琦、赵斌 译)

大 事 记

约 **1400—1850** 小冰期，寒冷笼罩大地，大冰川和雪覆盖地球表面，饥饿、疾病和死亡现象十分普遍。

1800—1870 大气中二氧化碳（CO_2）的浓度为 290 ppm①。

1824 法国数学家和物理学家 Jean-Baptiste Joseph Fourier 计算出，如果地球没有大气层的保护，将会更加寒冷。

1827 Jean-Baptiste Joseph Fourier 提出关于地球变暖的理论。当时人们普遍认为地球变暖是一件好事。

1859 爱尔兰物理学家 John Tyndall 发现大气中一些气体的存在阻碍红外辐射的传播。他提出了大气气体浓度的变化会导致气候发生变化这个概念。

1894 环境开始遭受工业化污染。

1913—1914 Svante Arrhenius 发现温室效应并预测地球大气将持续变暖。他预测大气在数千年内还不会达到危险的水平，所以他的理论并没有很快得到关注。

1920—1925 得克萨斯州和波斯湾开始开采富饶的油井，由此开始了世界对这个相对廉价的能源的依赖。

1934 美国发生了最严重的沙尘暴，后来被历史学家称为"黑色星期天"。沙尘暴是干旱和土壤侵蚀的产物。

1945 美国海军研究办公室开始支持许多科学领域的研究，包括涉及气候变化问题的科学领域。

1949—1950 英国蒸汽工程师和发明家 Guy S. Callendar 提出了温室效应与人类行为相关，并将导致一系列问题。当时没有人把这个理论看得太认真，但科学家们开始寻找新的方法来测量气候。

1950—1970 技术发展提高了人们对全球变暖和日益增强的温室效应问题的了解。研究证实了大气 CO_2 的浓度正在持续攀升。公众开始重视并关注空气污染问题。

1958 美国斯克里普斯（Scripps）海洋科学研究所的科学家 Charles David Keeling 检测到大气中的 CO_2 含量逐年上升。他在夏威夷冒纳罗亚山的一座天文台上开始收集连续的 CO_2 记录，结果就是众所周知的 Keeling 曲线。

1963 研究显示在气候对 CO_2 含量的变化敏感方面，水蒸气起着重要作用。

1968 研究揭示南极冰盖有崩塌的可能性，那将会使海平面升高到危险的高度，这

---

① ppm：100 万份气体、液体或固体中某特定化学物质的含量。

对全球都是一种威胁。

1972 利用冰芯的研究揭示过去发生过大的气候转变。

1974 过去两年中严重的干旱和其他异常天气现象引起了科学家和公众对气候变化的重视。

1976 森林砍伐和其他对生态系统的影响作为未来全球气候的主要问题开始得到人们的重视。

1977 科学界开始关注全球变暖，并将其视为一个严重的威胁，需要在21世纪认真对待。

1979 世界气候研究计划(World Climate Research Programme)启动，协调国际上关于全球变暖和气候变化的研究。

1982 格陵兰的冰芯显示在过去的一个世纪中存在显著的温度波动。

1983 温室效应及相关问题通过美国国家科学院和环境保护署的报告被推到政治舞台上。

1984—1990 媒体使得全球变暖以及增强的温室效应成为美国的大众话题。许多评论家相继出现。

1987 来自法国和苏联的科学家对南极冰芯的分析揭示了在超过100 000年的时间里，CO_2和温度之间的相关性极为密切。

1988 联合国建立了一个科学权威机构来考察全球变暖，这个机构被称为“政府间气候变化专门委员会”(Intergovernmental Panel on Climate Change，IPCC)，由来自世界各国的2 500位科学家组成。

1989 第一次IPCC报告称，大气中人为产生的温室气体浓度正在稳定地增加中，并预测它们将导致全球变暖。

1990 49位诺贝尔奖获得者和700位美国国家科学院的成员签名呼吁：“人类活动所释放的多种气体在大气中的累积，使得地球的自然温室效应被放大，这很可能导致气候产生剧烈的变化。科学界对此有着广泛的共识。只有现在采取行动，我们才能确保子孙后代不会面临危险。”

1992 联合国环境与发展大会(United Nations Conference on Environment and Development，UNCED)，非正式的称呼为地球峰会，于6月3日开始在巴西里约热内卢召开。这次会议通过《联合国气候变化框架公约》、《21世纪议程》、《里约环境与发展宣言》、《森林原则声明》和《联合国生物多样性公约》。

1993 格陵兰的冰芯显示，重大气候变化可在十年内发生。

1995 第二次IPCC报告发布，并总结称，人类活动是增强温室效应使得全球变暖的一部分。达成的共识是，严重的变暖问题可能会在21世纪到来。报告中关于南极冰盖的解体和在极地区域全球变暖的其他迹象如今正开始吸引公众的关注。

1997 第三届《联合国气候变化框架公约》成员国会议在日本京都举办，并于12月11日通过一个称为《京都议定书》的文件，致力于让缔约国减少温室气体的排放。

2000 气候学家标记20世纪90年代为有记录以来最热的10年。

2001 IPPC的第三次报告指出，关于人为全球变暖的证据是无可辩驳的，但其对气候的影响仍难以确定。布什总统声明其科学上的不确定性太大，因此难以判定《京都议定书》的目标是否合理。美国全球变化研究计划根据其调查结果，发布气候变异与变化的潜在后果的国家评估。评估发现，到下一个世纪美国的温度将上升3～5 ℃，并预测极湿（洪灾）和极干（旱灾）状况都将会增加。许多生态系统易受气候变化的影响。因为干旱几率增加，积雪减少，洪灾风险增加，人们用于消费和灌溉的水会缺乏。海平面上升与风暴潮极有可能破坏沿海的基础设施。

2002 第二个最热年的纪录。大雨导致欧洲中部巨大的洪涝灾害，死亡人数超过100，损失超过300亿美元。发生在世界许多地方（非洲、印度、澳大利亚和美国）的严重干旱导致数千人死亡和重大的农作物损失。布什总统呼吁进行十多年的气候变化研究，消除剩余的不确定性，并提出到2012年前只采取自觉的措施来减缓气候变化。

2003 美国参议员 John McCain 和 Joseph Lieberman 草拟了一份两党提案，建议通过一个限额及交易计划降低全国温室气体的排放。科学观察发现，南极和格陵兰冰盖崩塌引起海平面上升的速度比想象的要快，这增加了人们的担忧。致命的夏季热浪席卷欧洲，使许多欧洲人认识到控制全球变暖的迫切性，但并没有同样引起那些生活在美国的人的注意。由于中国在化石燃料使用上的增加，国际能源机构（International Energy Agency，IEA）把中国确定为世界上第二大碳排放国。大气中 CO_2 的浓度达到382 ppm。

2004 书籍和电影开始描写全球变暖。

2005 《京都议定书》2月16日生效。此外，全球变暖成为在苏格兰鹰谷（Gleneagles）召开的八国峰会的一个议题，参会的各国领导人承认气候变化是一个严重的、长期的挑战。卡特里娜飓风迫使美国公众面对全球变暖的问题。

2006 美国前副总统戈尔的《难以忽视的真相》（*An Inconvenient Truth*）引起美国人对全球变暖的关注。前世界银行的经济学家 Nicholas Stern 报告说，如果现在不采取任何措施，全球变暖最多可使世界各国国内生产总值损失20%。

2007 IPCC的第四次评估报告称冰川收缩、冰损失和永冻土撤退的迹象表明，气候变化正在进行。他们预计在未来100年，遭遇干旱、洪水和更强烈的风暴的风险将更大，其结果是饥饿、无家可归的人及疾病将会增加。到2100年，大气温度可能升高1.8～4.0 ℃，海平面可能上升18～59 cm 。由于戈尔和IPCC的努力让全球变暖这一重要议题被世界所关注，他们共同获得了诺贝尔和平奖。

2008 石油的价格达到并超过100美元/桶（1石油桶＝1.58987×10^2 L），使得一些国家的油价超过10美元/加仑（1加仑＝3.78543 L）。经过能源之星认证的电子产品的销售几乎翻番。能源之星是美国政府支持的项目，用于帮助公司和个人提高能源利用效率从而保护环境。美国风能发电能力达到

1 万兆瓦，这足够提供 250 万个家庭的能源需求。

2009 美国总统奥巴马就职并立誓让各州在控制温室气体的排放上继续努力，解决全球变暖和气候变化问题。为此，美国的汽车制造商要为未来做准备，生产明日所需的汽车，减少国家对石油进口的依赖。也许这些措施有助于恢复国家安全和地球的健康，而且美国政府不再忽视科学事实。在努力应对气候变化方面，2009 年是关键的一年。12 月 7 日—18 日在丹麦哥本哈根召开的联合国气候变化会议承诺将形成一个有效的应对全球气候变化的机制。2009 年 4 月，连接威尔金斯冰架（Wilkins Ice Shelf）（相当于牙买加版图的大小）和南极岛屿的冰桥垮塌可能导致冰架脱离南极岛屿，这一最新的迹象表明，在对抗全球变暖问题上已没有时间可以浪费了。

（赵斌、张墨谦 译）

术 语 表

适应【adaptation】:自然或人类系统为响应新的或变化的环境所做的调整。适应气候变化是指自然和人类系统响应实际或预期的气候变化所做的调整。

气溶胶【aerosols】:悬浮在空气中的固态或液态微粒(大小为 $10^{-3}\sim10^{-7}$ cm)。天空中的云、雾及火山喷发的尘埃,工业上和运输业上用的锅炉和各种发动机里未燃尽的燃料所形成的烟,采矿、采石场磨材和粮食加工时所形成的固体粉尘,人造的掩蔽烟幕和毒烟等都属于气溶胶。气溶胶通过反射阳光,可使气候变得凉爽,抵消一些由于温室气体排放所造成的增温①。

反照率【albedo】:表面的相对反射率。高反照率的表面反射照射在其上的大部分的光,只吸收极少的能量;而低反照率的表面吸收照射在其上的大部分的光,只反射很少的能量。行星物理学中用来表示天体反射本领的物理量,是天体表面全部被照明的部分向各个方向散射的光与入射到该天体表面的光之比②。

人为的【anthropogenic】:人类活动引起的,常常用于人类活动产生的气体排放方面。

大气层【atmosphere】:环绕地球且供生命有机体呼吸的薄薄的气体层,其上限可达距地表644 km处,但是其80%的质量都集中于距地表11 km厚的对流层内。

杆状病毒【baculoviruses】:大型杆状病毒的一科,可分为两属:核型多角体病毒(NPV)和颗粒体病毒(GV)。杆状病毒产生的蛋白目前正被研究用做治疗癌症的疫苗。这类病毒能感染并杀死很多无脊椎动物,尤其是昆虫,因此被用做生物防治剂。

生物多样性【biodiversity】:不同的植物和动物种类。

生物量【biomass】:可用作燃料的植物材料。

白化(珊瑚虫)【bleaching (coral)】:珊瑚虫失去共生的藻类,导致珊瑚虫变白的过程。这是全球变暖导致的结果之一,意味着不健康珊瑚虫的相继死亡。

碳【carbon】:一种自然储量丰富的非金属元素,出现在许多无机和所有有机化合物中。

碳循环【carbon cycle】:绿色植物从空气中吸收二氧化碳(CO_2),经光合作用转化为葡萄糖,有机体再利用葡萄糖合成其他有机化合物,糖类经食物链传递,又成为动物和细菌等其他生物体的一部分,而各种生物通过呼吸作用将糖类分解为 CO_2 和水,释放到大气中的过程③。

二氧化碳【carbon dioxide】:一种无色、无味的气体,由碳原子和氧原子组成,是大气中含量很少却至关重要的气体。CO_2 的吸热能力是地球上生命成为可能的重要保障,但它也是

---

①② 译者注:原解释不准确,增加了一些内容。

③ 原文此处的解释是错误的,本内容重新整理。

导致全球变暖的主要温室气体，并且作用最大。

碳汇【carbon sink】：在某个区域大量的碳被存在于木材、碳酸钙岩石、动物、海洋或其他一些储存碳的地方。这些地方是碳的储存库，保持碳离开大气层。

气候【climate】：在长时间内天气现象的平均状态。

气候模型【climate model】：一个表征大气、海洋、陆地表面和冰之间相互作用的定量分析方法。模型可以相对比较简单，也可以非常复杂。

气候学家【climatologist】：研究气候的科学家。

浓度【concentration】：在给定面积或体积中某个成分的量。在全球变暖中，指大气中某种特定气体占大气中所有气体的量。

凝结【condense】气体变成液体的过程。

邻接的【conterminous】：二者间具有没有空隙的公共边界，例如美国的48个州（不包括阿拉斯加和夏威夷）。

森林砍伐【deforestation】：在林区树木的大规模砍伐，常产生大面积的空地并使得这个区域易被侵蚀。

荒漠化【desertification】：一个地区转变为荒漠的过程。

生态学的【ecological】：保护空气、水和其他自然资源免受污染及其影响的过程，是环境保护的实践。

生态系统【ecosystem】：在一定的空间和时间范围内，各种生物之间以及生物群落与其无机环境之间，通过能量流动和物质循环而相互作用的一个统一整体。生态系统是生物与环境之间进行能量转换和物质循环的基本功能单位。地球上最大的生态系统是生物圈，陆地上最重要的生态系统是森林生态系统、草原生态系统和农田生态系统。

厄尔尼诺现象【El Niño】：一种循环天气事件。在这种天气事件中，离开南美洲沿海的太平洋东部海水温度比正常年份高，扰乱了整个地区的气候模式。每隔几年，西太平洋海水的温度上升几度，高于进入东部的海水。温暖的水逐渐向东移动，改变洋流、急流风，以及南北半球的天气。

释放【emissions】：物质进入大气的过程（当指气候变化的主题时，常用于表示气体）。

河口【estuary】：河流流域在末端扩大的入海口，在这里淡水与海水混合，并受到明显的潮汐作用影响。

蒸发【evaporation】：液体变成气体的过程，例如水变成水蒸气。

蒸散【evapotranspiration】：通过水分蒸发和植物蒸腾作用将地表的水分转移到大气的过程。

反馈【feedback】：变化由一个过程引起，反过来这个变化又影响这个过程。全球变暖导致的变化可能会加速变暖过程（正反馈），也可能会减缓变暖的过程（负反馈）。

食物链【food chain】：通过摄食将能量从生产者（植物）转移到消费者（动物），再到分解者（昆虫、真菌等）的链式关系。

非禾本草本植物【forb】：一种草本植物，但不是草。

化石燃料【fossil fuel】：来自煤、石油或天然气的能源。化石燃料的燃烧是全球变暖的主要原因之一。

冰川【glacier】：在成百上千年过程中，由雪累积所形成的冰体。

全球变暖【global warming】：由温室气体增加所引起的地球大气温度的升高。也指人类引起的“增强的温室效应”。

大洋输送带【 great ocean conveyor belt】:大洋中将热量从一个区域传送到另一个区域的全球洋流系统。

温室效应【greenhouse effect】:在自然条件下,大气中存在的气体成分(例如 CO_2、甲烷和水蒸气)可捕获热能,被捕获的热能又以热量的方式被反射回地球。

温室气体【greenhouse gas】:大气中能捕获热并保持地球足够温暖使生物得以生存的气体。

墨西哥湾流【Gulf Stream】:是大西洋一支强盛的重要暖流。起源于墨西哥湾,经过佛罗里达海峡沿着美国的东部海域与加拿大纽芬兰省向北,最后跨越北大西洋通往北极海。在北纬 40°西经 30°左右的地方,墨西哥湾流分成两股分支,北分支跨入欧洲的海域,成为北大西洋暖流,南分支经由西非重新回到赤道。欧洲温和的气候与这个洋流有关。

水循环【hydrologic cycle】:水以水蒸气的形式进入大气,以液态或固态形式降落到地球表面,最后又通过蒸发作用进入大气的一系列自然过程。

工业革命【Industrial Revolution】:工业和工业技术高速发展的阶段。这发生在 18 世纪晚期和 19 世纪早期的英国。

政府间气候变化专门委员会【Intergovernmental Panel on Climate Change, IPCC】:由 2 500 位科学家组成的组织,用于评价与全球变化问题相关的科技文献的信息。1988 年联合国环境规划署和世界气象组织联合成立 IPCC。

土地利用【land use】:某种土地覆盖类型的管理实践,包括森林、耕地、草原、城市用地和荒地等。

土地利用变化【land-use change】:某种土地覆盖类型的管理实践的改变。由于土地利用变化会影响蒸散和温室气体的源与汇,因此可能会影响气候系统。一个土地利用变化的例子是砍伐森林并将其转变为城市。

甲烷【methane】:一种无色、无味、易燃的气体,是天然气的主要组成部分。在有机体腐烂过程中,缺氧会导致甲烷的产生。

生态位【niche】:在没有竞争的情况下,有机体赖以生存和繁殖的环境条件。

氮【nitrogen】:作为一种气体,它占了地球大气层体积的 80%。它也是物质的组成元素,如肥料。

氧化亚氮【nitrous oxide】:地球大气层中吸收热量的气体,可以从氮基的肥料中释放出来。

臭氧【ozone】:含有三个氧原子的分子。臭氧在地球大气层中的量很少,一般位于地表以上 23~31 km 处。臭氧层屏蔽了会对地球生命造成致命伤害的紫外线,使得生命的出现成为可能。在底层大气中,汽车尾气和工厂排放的臭氧是重要的大气污染物。

ppm【parts per million】:100 万份气体、液体或固体中某特定化学物质的含量。

永冻土【permafrost】:在北极的永久的冰冻地面。当全球变暖增加的时候,这类土地会融化。

光合作用【photosynthesis】:植物利用光、CO_2 和水制造食物的过程。

议定书【protocol】:所有的参与者都同意并共同签署的条约和条款。

转借测量【proxies】:利用替代物测定类似温度和降雨的方法,这是一个间接测量。树木年轮可作为确定降雨丰度的转借测量。

辐射【radiation】:能量粒子或能量波。

可再生的【renewable】:可以替代或再生长的事物,例如树木;或者类似于太阳能、风能和地热能等能源不会消耗殆尽。

资源【resources】：来自地球的原材料，可被人类用于制作有用的东西。

自转【rotation】：地球围绕它的轴进行的运动或运动路径。

卫星【satellite】：环绕大物体运行的小物体。人造卫星上负载的仪器用于科学研究和通讯。卫星拍摄的影像用于监测全球变暖的情况，例如冰川后退、冰帽融化、荒漠化、侵蚀、飓风破坏和洪灾。海面温度和其他测量数据也可从环绕地球运行的人造卫星中获得。

模拟【simulation】：基于真实情况的过程制作的计算机模型，这个模型试图模仿或复制实际的物理过程。

共生【symbiosis】：存在于两种不同的但是生活紧密联系在一起的有机体间的关系，这至少对一个有机体是有帮助的，并对任何一个有机体无害。

共生的【symbiotic】：两个不同的有机体在一起共同分享有利条件的关系。

温带的【temperate】：地球上具有温和的气候，四季分明的区域。

热的【thermal】：与热相关的东西。

热带的【tropical】：地球上炎热且潮湿的地区，这个区域位于赤道附近。

热带风暴【tropical storm】：风速范围为 48～121 km/h 的气旋风暴。

冻原【tundra】：位于北极的广阔的无树沼泽平原，在沼泽表面下是永冻土。

上升流【upwelling】：通过这样一个过程，沿海岸的温暖的低密度表层水被离岸的洋流带走，取而代之的是从下层往上的冰冷高密度水。

天气【weather】：在特定时间和空间大气的状态。测量天气包括对温度、降水量、大气压、风速和风向等的测量。

阅读材料

书籍

Christianson, Gale. *Greenhouse: The 200-Year Story of Global Warming*. New York: Walker, 1999.【本书关注在工业革命后全球范围内增强的温室效应,并概述了其对环境产生的后果。】

Cox, John D. *Climate Crash—Abrupt Climate Change and What It Means for Our Future*. Washington, D. C.: Joseph Henry Press, 2005.【本书探讨古气候的科学研究以及过去的事件如何为现在和未来提供线索。】

Flannery, Tim. *The Weather Makers*. New York: Atlantic Monthly Press, 2005.【本书探讨人类正在如何改变气候,以及将如何影响地球上所有的生命。】

Friedman, Katherine. *What If the Polar Ice Caps Melted?* Danbury, Conn.: Children's Press, 2002.【本书关注与地球大气相关的环境问题,包括全球变暖、气象模式的改变及其对生态系统的影响。】

Gelbspan, Ross. *The Heat Is On: The High Stakes Battle over Earth's Threatened Climate*. Reading, Mass.: Addison Wesley, 1997.【本书给我们呈现了环保主义者在应对化石燃料公司时经常面对的争议。】

——. *Boiling Point*. New York: Basic Books, 2004.【本书展示了政治家、石油公司、媒体以及社会活动家在塑造人们对全球变暖问题的观念上扮演的角色。】

Gore, Al. *An Inconvenient Truth*. Emmaus, Penn.: Rodale, 2006.【本书出色概述了有关全球气候变暖问题——全球变暖如何产生,对未来意味着什么,以及人类为什么现在就需要行动起来以减缓这个过程。】

Hamblin, W. Kenneth, and Eric H. Christiansen. *Earth's Dynamic Systems*. 10th ed. Upper Saddle River, N. J.: Prentice Hall, 2000.【本书讨论了地球科学的物理方面,解释了板块构造理论、冰川、海岸线、地下水、河流系统及其他自然系统受全球变暖影响的物理机制。】

Harrison, Patrick 'GB', Gail 'Bunny' McLeod, and Patrick G. Harrison. *Who Says Kids Can't Fight Global Warming*. Chattanooga, Tenn.: Pat's Top Products, 2007.【本书提供了让每个人都可以参与解决世界上最大的空气污染问题的切实可行的方案。】

Hassol, Susan Joy. "Impacts of a Warming Arctic—Arctic Climate Impact Assessment." Arctic Research Center. Cambridge University Press, 2004.【本书详细呈现了在温度升高的情况下北极生态系统面临的变化。】

Houghton, John. *Global Warming: The Complete Briefing*. New York: Cambridge University Press, 2004.【本书概述了全球变暖的科学依据,阐述了气候变化对社会的

影响，并探寻这些问题的解决方案。】

Kattenberg A., et al. "*Climate Models—Projections of Future Climate. Climate Change 1995: The Science of Climate Change.*" Cambridge: Cambridge University Press, 1996.【本书关注热浪问题及其对全球的影响。】

Langholz, Jeffrey. *You Can Prevent Global Warming (and Save Money!): 51 Easy Ways.* Riverside, N.J.: Andrews McMeel Publishing, 2003.【本书旨在将公众对全球变暖的关注转化为积极的行动，通过提供简单易行的、日常的行动来减缓全球变暖的发生，同时可节省个人资金。】

Leggett, Jeremy. *The Carbon War.* New York: Routledge, 2001.【本书提供了全球变暖的政治观点以及与石油工业的冲突。】

Linden, Eugene. *The Winds of Change.* New York: Simon & Schuster, 2006.【本书审视了过去和现在的气候变化及其对未来的启示。】

Lynas, Mark. *High Tide.* New York: Picador, 2004.【本书探讨了气候变化对地球上多样的生态系统的影响。】

McKibben, Bill. *Fight Global Warming Now: The Handbook for Taking Action in Your Community.* New York: Holt Paperbacks, 2007.【本书提供了为了拯救气候必须改变的一些情况，以及每个人如何在社区中积极行动从而促成这种变化。】

Michaels, Patrick J. *Meltdown.* Washington, D.C: Cato Institute, 2004.【本书介绍了科学家、政治家和媒体关于全球变化问题的讨论。】

——. *Shattered Consensus.* New York: Rowman & Littlefield Publishers, Inc., 2005.【本书展示了许多全球变化方面的专家围绕全球变暖的关键问题所撰写的文章，并解释了全球变暖问题的严重性。】

Millennium Ecosystem Assessment. "Ecosystems and Human Well-being: Desertification Syntheses," 2005.【本报告讨论了与荒漠化共存的解决方案。】

National Assessment Synthesis Team (NAST). "*Climate Change Impacts on the United States: The Potential Consequences of Climate Variability and Change, Report for the U.S. Global Change Research Program.*" Cambridge: Cambridge University Press, 2001.【本报告提供了关于全球变暖影响的概况。】

National Research Council. *Abrupt Climate Change—Inevitable Surprises.* Washington, D.C.: National Academy Press, 2002.【本书探讨了突发的气候变化的原因和现实情况及其全球效应。】

Pearce, Fred. *When the Rivers Run Dry.* Boston: Beacon Press, 2006.【本书讨论了21世纪因全球变暖而导致的重大危机之一，即干旱问题。】

Poff, N. LeRoy, Mark M. Brinson, and John W. Day, Jr. *Aquatic Ecosystems and Global Climate Change: Potential Impacts on Inland Fresh-water and Coastal Wetland Ecosystems in the United States.* Prepared for the Pew Center on Global Climate Change. January, 2002.【这份报告涉及全球气候变暖对海洋生态系统造成的生态影响。】

Pringle, Laurence. *Global Warming: The Threat of Earth's Changing Climate.* New

York: SeaStar Books, 2001.【本书提供了关于碳循环、海平面上升、厄尔尼诺现象、气溶胶、烟雾、洪水及其他与全球变暖相关的问题。】

Soloman, A. *The Nature of Past, Present, and Future Boreal Forests: Lessons for a Research and Modeling Agenda, Systems Analysis of the Global Boreal Forest*. Cambridge: Cambridge University Press, 1992.【本书展示了北方针叶林正在面临的挑战。】

Stern, Nicholas. *The Economics of Climate Change*. New York: Cam- bridge University Press, 2007.【本书讨论了全球变暖的经济学影响。】

Stocker, T. F., R. Knutti, and G. K. Plattner. *The Oceans and Rapid Climate Change: Past, Present, and Future*. Washington, D. C.: American Geophysical Union, 2001.【本书讨论了未来热盐环流的情况。】

Thornhill, Jan. *This Is My Planet—The Kids Guide to Global Warming*. Toronto, Ontario: Maple Tree Press, 2007.【本书通过全面介绍两极、海洋及陆地生态系统的气候变化,为学生提供了一个使他们具备生态学眼光所需的工具。】

University of California, Davis, News and Information. "Rangeland's Role in Buffering Global Warming Explored." December 16, 1997.【本书介绍了关于牧场和全球变暖的问题。】

U. S. Climate Change Science Program/U. S. Global Change Research Programme. "U. S. National Assessment of Climate Change." Washington, D. C., 2004.【本书从一个较好的视角解释了全球变暖的相关问题。】

Weart, Spencer R. *The Discovery of Global Warming* (*New Histories of Science, Technology, and Medicine*). Cambridge, Mass.: Harvard University Press, 2004.【本书通过漫长的循序渐进的研究过程,而不是采用戏剧性爆料的方式,追溯了全球变暖概念的历史。】

World Resources Institute (WRI). "People and Ecosystems: The Fraying Web of Life." Prepared by the United Nations Development Programme (UNDP), The World Bank, and the World Resources Institute. World Resources 2000-2001.【本书论述了人类及其环境之间的密切相互作用。】

World Wildlife Fund. "New Report Shows Global Warming Link to Australia's Worst Drought." January 13, 2003.【本报告讨论了发生在澳大利亚的最严重的干旱。】

杂志文章

Alley, Richard B. "Abrupt Climate Change." *Scientific American*. (November 2004): 62-69.【本文论述了大洋输送带的洋流,以及全球变暖将如何导致其停止并引发另一个冰期的到来。】

Appenzeller, Tim. "The Big Thaw." *National Geographic*. (June 2007): 58—71.【本文概述了全球的冰川和冰帽消融,并阐述其对未来意味着什么。】

Applebome, Peter. "A Community Tries to Shrink Its Footprint." *New York Times* (1/20/08).【本文简要描述了美国康涅狄格州的韦斯特波特市如何一步一步变得对环境更加

负责。】

Astor, Michael. "Warming May Change Amazon." Associated Press (12/29/06). Available online.【本文关注全球变暖对世界上最大的热带雨林的影响。】

Bachelet, D., J. Lenihan, R. Drapek, and R. Neilson. "VEMAP vs. VINCERA: A DGVM Sensitivity to Differences in Climate Scenarios." *Global and Planetary Change*, vol. 64, 1-2. (November 2008): 38-48.【本文比较了两个用于预测未来气候的模型。】

Barringer, Felicity. "U. S. Given Poor Marks on the Environment." *New York Times* (1/23/08).【本书讲述了与其他国家相比，美国在环境责任和积极行动方面比较落后。】

BBC News. "Deserts Need Better Management." (6/5/06).【这篇综述概括了荒漠生态系统的敏感性及全球变暖正在如何影响它们。】

——. "OECD Warns of Alpine Ski Future." (12/13/06).【本文讨论了欧洲阿尔卑斯地区滑雪胜地与全球变暖效应进行的斗争。】

Bindschadler, Robert A., and Charles R. Bentley. "On Thin Ice?" *Scientific American* (December 2002): 98-105.【这个出版物讨论了地球最庞大的冰原的融化速度，以及什么控制着这种崩裂速度。】

Bloomfield, Janine, and Steven Hamburg. *Seasons of Change: Global Warming and New England's White Mountains*. Washington, D. C.: Environmental Defense Fund, 1997.【本文讨论了在未来数年，全球变暖对美国新英格兰地区的可能影响。】

Borenstein, Seth. "Hotter Weather Linked to More Extinctions." Discovery News (10/24/07).【本文探寻了地球的过去和科学家是如何研究生物灭绝的，以及当今的全球变暖对现存地球生命的影响。】

Bosire, Bogonko. "More Than 1 Billion Trees Planted in 2007." Discovery News (11/28/07).【本文描述了 2007 年在埃塞俄比亚和墨西哥的带领下，世界各地种植了超过10 亿棵树以应对气候变化。】

Bourne, Joel K., Jr. "Green Dreams." *National Geographic*. (October 2007): 38-59.【本文探讨了生物能源的用处。】

Britt, Robert Roy. "Surprising Side Effects of Global Warming." LiveScience (12/22/04).【本文论述了全球变暖导致的永冻土融化、山体滑坡和泥石流等对景观的破坏。】

——. "Global Warming Likely Cause of Worst Mass Extinction Ever." LiveScience (1/20/05).【本文提供了有关过去的生物灭绝与气候变化相关的科学证据。】

——. "Caution: Global Warming May Be Hazardous to Your Health." LiveScience (2/2005).【本文论述了需及时解决的污染问题及其对人类健康的影响。】

——. "Energy Imbalance Behind Global Warming." LiveScience (4/28/05).【本文审视了空气污染带来的热，这些热正在慢慢暖化地球，将使得地球很快失控。】

——. "125 Large Northern Lakes Disappear." LiveScience (6/3/05).【本文集中探讨了过去 20 多年来北极湖泊随气温升高而逐渐消失，以及这种过程的效应。】

——. "Arctic Summer Could be Ice-free by 2105." LiveScience (8/23/05).【本文讨论了目前脆弱的北极生态系统所受影响，以及长期胁迫情况下所产生的后果。】

——. “Global Warming Sparks Increased Plant Production in Arctic Lakes.” LiveScience (10/24/05).【本文关注了由全球变暖导致的北极生态系统生长季的延长情况。】

——. “Insurance Company Warns of Global Warming’s Costs.” LiveScience (11/1/05).【本文探讨了隐藏在由全球变暖所造成的破坏背后的经济学问题。】

——. “The Irony of Global Warming: More Rain, Less Water.” LiveScience (11/16/05).【本文勾勒了增强的水循环可能不利未来必要的水供应的事实。】

——. “Conflicting Claims on Global Warming and Why It’s All Moot.” LiveScience (2/1/06).【本文展示了关于全球变暖问题正反两个方面的观点。】

Carey, Bjorn. “Soot Could Hasten Melting of Arctic Ice.” LiveScience (3/28/05).【本文介绍当冰随烟尘受到污染时,会改变其反射特性,加速北极融化的情况。】

——. “Arctic Summer Could Be Ice-Free by 2105.” LiveScience (8/23/05).【本文讨论了冰融化的加速。】

Carlton, Jim. “Is Global Warming Killing the Polar Bears?” *Wall Street Journal* (12/14/05).【本文探讨了因极地冰雪融化,北极熊所面临的困境。】

Castle, Stephen, and James Kanter. “Stricter System to Trim Carbon Emissions Is Considered in Europe.” *New York Times* (1/22/08).【本文探讨了减少碳释放的理念。】

CBS News. “‘Monumental’ Climate Change?” (6/19/07).【本文概述了污染和全球变暖对世界艺术品的破坏。】

Chapin Ⅲ, F., E. Zavaleta, et al. “Consequences of Changing Biodiversity.” In *Nature* 405, 234-242.【本综述考察了随着全球变暖加剧,地球环境将受到的冲击。】

Chevalier, Judith. “A Carbon Cap That Starts in Washington.” *New York Times* (12/16/07).【本文考察了全球变暖作为一个世界性问题在政治方面的表现。】

Clayton, Mark. “A New Gust of Wind Projects in U. S.” CBS News (1/22/06).【本文讨论了得克萨斯州正在建设的可作为清洁能源来源的几个风能农场。】

CNN, Environmental News Network. “265 000 Flee as Massive Wildfires Char Southern California.” (10/22/07).【本文讨论了目前的野火问题。】

Coleman, Joseph. “Seaweed: The New Carbon Sink?” Discovery News (12/10/07).【本文着重探讨了世界碳汇及其抵消全球变暖影响的潜力。】

Cook, T., M. Folli, et al. “The Relationship Between Increasing Sea- surface Temperature and the Northward Spread of *Perkinsus Marinus* (Dermo) Disease Epizootics in Oysters.” In *Estuarine, Coastal, and Shelf Science* 46:587-597 (1998).【本文关注海洋变暖对中纬度海洋环境造成的影响。】

Culotta, Elizabeth. “Will Plants Profit from High CO_2?” *Science* (5/5/95).【本文探讨了因全球变暖,各种 CO_2 水平对植被的可能影响,以及植被是否将经历生长增速。】

Cury, P., and C. Roy. “Optimal Environmental Window and Pelagic Fish Recruitment Success in Upwelling Areas.” In *Canadian Journal of Fisheries and Aquatic Science* 46:670-680 (1989).

D’Agnese, Joseph. “Why Has Our Weather Gone Wild?” *Discover* (6/2000).【本文聚焦最近的全球天气变化,例如季节更替、强风暴、干旱、热浪和其他与天气有关的事件,以及

它们与全球变暖的关系。】

Davidson, Sarah. "How Global Warming Can Chill the Planet." LiveScience (2004-12-17).【本文探索了如果冰盖和冰川融化，导致淡水增加，这种情况下，被扰乱的洋流将如何使气候变冷。】

Dean, Cornelia. "The Preservation Predicament." *New York Times* (2008-01-29).【本文考察了人类目前对景观及其野生动物的管理，以及未来栖息地如何幸存。】

Deutsch, Claudia H. "A Threat So Big, Academics Try Collaboration." *New York Times* (2007-12-25).【本文探讨了科学家为解决全球大问题共同工作的方法学。】

Dudley, N. "Potential Impacts of Climate Change on Forests." A report for WWF International, 1998.【本文综述了在全球变暖情况下，森林在目前及将来扮演的角色，以及如果今天没有做出改变，森林将面临的冲击】.

Eilperin, Juliet. "Severe Hurricanes Increasing, Study Finds." *Washington Post* (2005-09-16).【本研究将海水温度上升与破坏性飓风增加联系在一起。】

Environmental News Network Staff. "Vicious Cycle: Global Warming Feeds Fire Potential." CNN (2000-11-02).【本文讨论了全球变暖与野火的关系。】

Epstein, Paul R. "Is Global Warming Harmful to Health?" *Scientific American* (August 2000): 50-57.【本文探究了广泛传播的流行病是增强的全球变暖的结果。】

Fountain, Henry. "Katrina's Damage to Trees May Alter Carbon Balance." *New York Times* (2007-11-20).【本文审视了卡特里娜飓风造成墨西哥湾数以百计的树木被破坏的生态学意义。】

——. "More Acidic Ocean Hurts Reef Algae as Well as Corals." *New York Times* (2008-01-08).【本文阐述了因更多的 CO_2 进入大气层，海洋正在酸化，科学家们相信这不仅破坏珊瑚虫的生长，也破坏了礁石中的海藻。】

Fox News. "Report: Global Warming Threatens Deserts, Too." (2006-06-06).【本文讨论了因全球变暖，干旱环境目前正在经历的影响。】

Friedman, Thomas L. "It's Too Late for Later." *New York Times* (2007-12-16).【本文提到，联合国专家和其他领导人警告必须立即采取行动应对全球变暖。】

Gaften, D. J., and R. J. Ross. "Increased Summertime Heat Stress in the U. S." *Nature* 396: 529-530 (1998).【本文谈到了全球变暖及其影响的事实，并且认为随着温度持续上升，情况会更加糟糕。】

Gelling, Peter. "Focus of Climate Talks Shifts to Helping Poor Countries Cope." *New York Times* (2007-12-13).【本文为许多即将面对全球变暖负面影响的国家概括了几种现实的适应路线。】

Gent, P. R. "Will the North Atlantic Ocean Thermohaline Circulation Weaken During the 21st Century:" *Geophysical Research Letters* 28:1023-1026 (2001).【本文审视了导致海流显著减速并威胁其存在的各种因素。】

Gibbard, Seran, Ken Caldeira, et al. "Climate Effects of Global Land Cover Change." *Journal Geophysical Research Letters* (12/8/05).【本文讨论了土地利用及其与气候的关系。】

Gibbs, Walter, and Sarah Lyall. "Gore Shares Peace Prize for Climate Change Work." *New York Times* (10/13/07).【本文讲述了在 2007 年，美国前副总统戈尔与 IPCC(由 2 500 位科学家组成的团体)分享了 2007 年度诺贝尔和平奖。】

Goudarzi, Sara. "Allergies Getting Worse Due to Global Warming." LiveScience (11/22/05).【本文审视了较暖的空气是如何增加人类过敏疾病发生率的。】

Groisman, P. Y., and D. R. Easterling. "Variability and Trends of Precipitation and Snowfall Over the United States and Canada." *Journal of Climate* 7:184–205 (1994).【本文关注了全球变暖将导致未来恶劣天气的增加。】

Handwerk, Brian, and Lauri Hafvenstein. "Belize Reef Die-Off Due to Climate Change?" National Geographic News (3/25/04).【本文考察礁石死亡是与当地因素还是与全球变暖相关。】

Hansen, James. "Defusing the Global Warming Time Bomb." *Scientific American* (March 2004).【本文讨论了目前全球变暖问题的广泛性以及为什么需要立即采取行动。】

Heilprin, John. "Study: Earth Is Hottest Now in 2 000 Years; Humans Responsible for Much of the Warming." *USA Today* (6/23/06).【本文讨论了古气候和相关联的证据，以及将过去的证据和当今的强风暴、热波和其他气候条件的联系。】

Hennessey, Kathleen. "Dairy Air: Scientists Measure Cow Gas." LiveScience (7/27/05).【本文综述了农业实践及其与全球变暖的联系。】

Hertsgaard, Mark. "On the Front Lines of Climate Change." *Time* (4/9/07).【本文探讨了人类适应气候变化的理念。】

Hoffman, Allison and Gillian Flaccus. "Wildfires Engulf Southern California." Discovery News (10/22/07).【本文将野火与全球变暖和气候变化联系在一起。】

Hoffman, Paul F., and Daniel P. Schrag. "Snowball Earth." *Scientific American* (January 2000). Vol 282, no. 1, pp. 68–75.【本文讨论了数百万年前被冰封的地球。】

Holechek, Jerry. "A Growing Population, Rangelands, and the Future." *Rangelands* 23 (6): pp. 39–43. (December 2001).【本文考察了目前牧场的状况，以及今天的决定和行动将如何塑造未来牧场的状况。】

Houde, E. D., and E. S. Rutherford. "Recent Trends in Estuarine Fisheries: Predictions of Fish Production and Yield." *Estuaries* 16:161–176 (1993).【本文探讨了河口渔业生产的发展趋势和渔业产量的预测。】

Jardine, K. "The Carbon Bomb: Climate Change and the Fate of the Northern Boreal Forests." *Greenpeace International* (1994).【本综述探究了北方针叶林这个脆弱的生态系统及其在气候发生变化和不同地理区域的生物多样性产生响应的情况下所面临的冲击。】

Joling, Dan. "Study: Polar Bears May Turn to Cannibalism." *USA Today* (6/13/06).【本文讨论了正在融化的极地冰如何阻碍北极熊在传统的狩猎场获得食物。】

——. "Melting Sea Ice Forcing Walruses Ashore." Discovery News (10/8/07).【本文详细讨论了海象在目前缺乏海冰的状况下的生存困境。】

Kahn, Joseph, and Mark Landler. "China Grabs West's Smoke-Spewing Factories." *New*

York Times (12/21/07).【本文讨论了正在中国发生的能源革命。】

Kahn, Joseph. "Japan Urges China to Reduce Pollution." *New York Times* (12/19/07).【本文聚焦于国家之间全球变暖的政治意义。】

Kanter, James. "Europe May Ban Imports of Some Biofuel Crops." *New York Times* (1/15/08).【本文讨论了禁止从某些类型土地所种植的作物中提取燃料的法律。】

Karl, T. R., and R. W. Knight. "Secular Trends of Precipitation Amount, Frequency, and Intensity in the United States." *Bulletin of the American Meteorological Society* 79 (2): 231-241 (1998).【本文调查了在全球变暖的影响下，降雨的增加及其效应。】

Karl, Thomas R., Neville Nicholls, and Jonathan Gregory. "The Coming Climate." *Scientific American* (May 1997).【本文讨论了计算机模型以及它们如何解释增温世界的气象模式。】

Karl, Thomas, and Kevin Trenberth. "The Human Impact on Climate." *Scientific American* (December 1999).【本文集中探究人类对自然环境造成的破坏，以及为什么科学家现在必须开始监测和量化这些破坏以挽救未来。】

Kaufman, Marc. "Research Shines Some Light on Mysteries of Antarctica." *Washington Post* (2/18/07).【本文探讨了降雪、冰融化和风系以及它们在南极洲如何共同发挥作用。】

Kay, Jane. "A Warming World: Climate Change Report." *San Francisco Chronicle* (2/3/07).【本文集中探讨了 IPCC 发布的新报道以及他们关于即将到来的全球变暖的影响的警告。】

Kerr, Jennifer C. "2007 Among Warmest Years Ever in U. S." Discovery News (12/14/07).【本文讨论了 2007 年的重大事件以及全球变暖在其中可能扮演的角色。】

Kluger, Jeffrey. "A Climate of Despair: Special Report, Global Warming." *Time* (4/9/01).【本文讨论了关于全球变暖的政治分歧和全球合作的需要。】

——. "Is Global Warming Fueling Katrina?" *Time* (8/29/05).【本综述讨论了全球变暖作为引发强飓风的原因。】.

——. "Global Warming Heats Up." *Time* (3/26/06).【本文讨论了受全球变暖影响的几个环境因素。】

——. "What Now?" *Time* (4/9/07).【本文从国际视角讨论了全球变暖问题以及如何能让每个人参与到解决问题当中。】

Krauss, Clifford. "As Ethanol Takes Its First Steps, Congress Proposes a Giant Leap." *New York Times* (12/18/07).【本文讨论了美国国会是如何近乎将一项曾颁布给美国商界的最具雄心的指示写进法律：创造一项新的产业，使其能够将农业废料和其他植物材料转变为汽车燃料。】

KTVU, San Francisco. "Report: Global Warming Threatens World's Deserts." (6/10/06).【本综述探讨了世界上的沙漠，并概括了 UNEP 的发现及对未来的预测。】

Ladle, Richard J., Paul Jepson, et al. "Dangers of Crying Wolf Over Risk of Extinctions." *Nature* 428:799 (4/22/04).【本文讨论了科学家和媒体在正确发表各种发现以及避免媒体的哗众取宠上所负有的责任。】

Lean, Geoffrey, and Robert Mendick. "Whale Population Devastated by Warming Oceans, Scientists Say." National Geographic News (August 2001).【本文追踪了全球变暖对鲸的影响及其对未来的意义。】

Lemonick, Michael D. "Life in the Greenhouse." *Time* (4/9/01).【本文概括了全球变暖的当前迹象以及它将对环境产生的影响。】

——. "Why you Can't Ignore the Changing Climate." Parade. com (6/25/06).【本文指出气候变化的证据无处不在,不仅需要重视,而且每个人都应该为妥善处理它付出自己的努力。】.

LiveScience. "Global Warming Could Overwhelm Storm Drains." (10/11/05).【本文探讨了极端风暴事件中洪水泛滥的社会和管理方面的问题。】

——. "Darker Days in China as Sun Gets Dimmer." (1/20/06).【本文讨论了化石燃料使用和污染的增加所产生的危害。】

Lovgren, Stefan. "Global Warming May Unleash 'Sand Seas' in Africa, Model Shows." National Geographic News (6/29/05).【本文探讨了卡拉哈里沙漠中的沙丘问题,以及随着全球变暖加剧,它们在沙漠化过程中所起的作用。】

Marshall, Carolyn. "San Francisco Fleet Is All Biodiesel." *New York Times* (12/2/07).【本文讨论了旧金山如何让全市所有的柴油车辆使用生物柴油以减少温室气体排放。】

McCarthy, Michael. "The Century of Drought." *The Independent* (10/4/06).【本文探讨了干旱现实的影响及其对环境的意义。】

——. "Carbon's New Math." *National Geographic* (October 2007).【本文探讨了利用技术来减少全球变暖影响的各种方法。】

Mouawad, Jad. "OPEC Gathering Finds High Oil Prices More Worrisome Than Welcome." *New York Times* (11/17/07).【本文讨论了油价上升的经济现状以及有关全球经济衰退的问题。】

——. "Oil Demand, the Climate and the Energy Ladder." *New York Times* (1/19/08).【本文讨论了未来能源需求和设置碳排放限度的需要。】

National Geographic News. "Mountain Ecosystems in Danger World- wide, UN Says." (2/1/02).【本文阐述了全球变暖所带来的水短缺问题。】

Natural Resources Canada. "Climate Change Impacts and Adaptation: A Canadian Perspective." Prepared by the Climate Change Impacts and Adaptation Directorate (2002).【本文讨论了全球变暖对森林的影响。】

Neergaard, Lauran. "Greenhouse Gas at 650,000 - Year High." LiveScience (11/25/05).【这篇文章探讨了欧洲南极冰芯计划并把科学家在冰芯中发现的证据与人类今天面临的状况联系起来。】

Nicklen, Paul. "Life at the Edge." *National Geographic* (June 2007).【本文探讨了北极海冰的退缩及其对生态系统的影响。】

Nii, Jenifer K. "Outdoor Industry Touts Its Clout." *Deseret News* (8/11/06).【本文提供了有关户外旅游产业对国民经济的重要贡献的信息。】

O'Driscoll, Patrick. "Study Links Extended Wildfire Seasons to Global Warming." *USA*

Today (7/7/06).【本文探讨了野火与最近的发现及结论之间的因果关系。】

O'Hanlon, Larry. "U. S. Groundwater Drying Up." Discovery News (10/25/07).【本文讨论了全球变暖对美国以及为支撑社区生活所需要的水供应的影响。】

——. "Desalinated Water: Great to Drink, Bad for Crops." Discovery News (11/8/08).【本文讨论了为了解决水资源短缺而实施海水脱盐的一些问题。】

Owen, James. "Early Birds — Is Warming Changing U. K. Breeding Season?" National Geographic News (6/3/00).【本文探讨了早春升温的生态效应。】

Pickrell, John. "English Gardens Endangered by Warming." National Geographic News (2/10/03).【本文讨论了英格兰最受欢迎的一项消遣方式的改变。】

——. "New Marine Conservation Area to Span Four Nations." National Geographic News (2/26/04).【本文报道了一个世界上最大的海洋保护区的建立。】

Revkin, Andrew C. "Climate Experts Warn of More Coastal Building." *New York Times* (7/25/06).【本文探讨了在易受飓风影响的沿海地区进行建造所产生的社会和经济问题。】

——. "Global Warming Trend Continues in 2006, Climate Agencies Say." *New York Times* (12/15/06).【本文报道了世界范围内新的创纪录的热浪。】

——. "A New Middle Stance Emerges in Debate over Climate." *New York Times* (1/1/07).【本文介绍了一种关于全球变暖的新观念。不仅有一部分人完全支持全球变暖,另一部分人不支持全球变暖,还有一部分人处在中间状态,他们代表着以上两种极端的混合,更加温和。】

——. "Connecting the Global Warming Dots." *New York Times* (1/14/07).【本文提供了什么是全球变暖以及为什么它会发生的基础知识。】

——. "U. S. Predicting Steady Increase for Emissions." *New York Times* (3/3/07).【本文讨论了白宫最近发布的一些信息,这些信息预测在下个十年 CO_2 和其他温室气体的排放会增加(所引用的数据为:从 2002 年到 2012 年,美国的排放量将增加 11%)。】

——. "Arctic Sea Ice Melting Faster, a Study Finds." *New York Times* (5/1/07).【本文探讨了极地区域所处的两难境地并讨论了其对全球的意义。】

——. "Many Arctic Plants Have Adjusted to Big Climate Changes, Study Finds." *New York Times* (6/15/07).【本文讨论了这样一个观念,即当一些植物最适应的气候条件在全球变暖的影响下迁移时,一些植物也许能够跟随这些气候条件做长距离迁徙。】

——. "Arctic Melt Unnerves the Experts." *New York Times* (10/2/07).【本文提供信息证实了北极的冰正在以比科学家最初预计的更快的速度融化,并介绍了它将产生的全球性后果。】

——. "As China Goes, So Goes Global Warming." *New York Times* (12/16/07).【本文阐述了中国清洁能源的问题。】

——. "Issuing a Bold Challenge to the U. S. Over Climate." *New York Times* (1/22/08).【这篇文章探讨了国际政治舞台和呈现在美国面前的使美国更多地参与解决全球变暖问题的压力。】

Roach, John. "Penguin Decline in Antarctica Linked with Climate Change." National Geographic News (5/9/01).【本文提供了有关企鹅受增温环境影响而面临的困境的

信息。】

——. "New Zealand Tries to Cap Gaseous Sheep Burps." National Geographic News (5/13/02).【本文讨论了新西兰大农场经营者将要面对的全球变暖问题。】

——. "By 2050 Warming to Doom Million Species, Study Says." National Geographic News (7/12/04).【本文很好地概述了全球变暖对各种不同生态系统中的个体物种的潜在影响。】

Rosenthal, Elisabeth, and Andrew C. Revkin. "Panel Issues Bleak Report on Climate Change." *New York Times* (2/2/07).【本文是对 IPCC 新发布的有关全球变暖的报告的综述。】

Rosenthal, Elisabeth. "Science Panel Calls Global Warming 'Unequivocal'." *New York Times* (2/3/07).【本文描述了 IPCC 最近有关全球变暖的报告。】

——. "U. N. Report Describes Risks of Inaction on Climate Change." *New York Times* (11/17/07).【本文聚焦于联合国设法让各个国家为全球变暖问题出谋划策。】

——. "U. N. Chief Seeks More Climate Change Leadership." *New York Times* (11/18/07).【本文综述了在支持阻止全球继续变暖的努力中有效的政治领导的必要性。】

Running, Steven W. "Is Global Warming Causing More, Larger Wildfires?" *Science* (8/18/06).【本文讨论了目前温度增加和野火发生之间的相关性。】

Sabine, C. L., R. A. Feely, et al. "The Oceanic Sink for Anthropogenic CO_2." *Science* 305: 367-371 (1994).【本文讨论了世界海洋作为额外的碳储存库进行碳封存所起到的作用。】

Schirber, Michael. "Nature's Wrath: Global Deaths and Costs Swell." LiveScience (2004-11-01).【本文解释了为什么目前的气候灾难比数十年前要明显得多。】

——. "Global Disaster Hotspots: Who Gets Pummeled." LiveScience (2004-12-07).【本文讨论了最可能受自然灾害影响的区域。】

——. "Longer Airline Flights Proposed to Combat Global Warming." LiveScience (2005-01-26).【本文提出了在航路中限制大气层航迹云效应的计划。】

Schmid, Randolph E. "Greenhouse Gas Hits Record High." LiveScience (2006-03-15).【本文讨论了大气 CO_2 测定结果是如何变化的，特别是在工业革命开始的那段时间。】

——. "Global Warming Differences Resolved." LiveScience (2006-05-02).【本文讨论了过去在分析全球变化时，用卫星和无线电探空仪数据计算的温度上的差异最后是如何被确定和校正的。】

ScienceDaily. "From Icehouse to Hothouse: Melting Ice and Rising Carbon Dioxide Caused Climate Shift." (2007-02-27).【本文讨论了为了解现在正在发生的变化，如何对古气候进行建模。】

Silverman, Fran. "What's a Ski Area to Do as It Warms? Adapt." *New York Times* (2008-01-13).【本文考察了全球变暖对娱乐业的影响。】

Simons, Marlise. "Fungus Once Again Threatens French Cave Paintings." *New York Times* (2007-12-09).【本文探讨了全球变暖对文化的影响以及为什么世界上无价的艺术品正处于危险之中。】

Space Daily. "Global Warming to Squeeze Western Mountains Dry by 2050." (2004-02-18).【本文阐明了全球变暖对未来积雪场的影响，以及这将如何影响水的使用和需求。】

Stevens, William K. "On the Climate Change Beat, Doubt Gives Way to Certainty." New York Times (2007-02-06).【本文说明了随着研究的进行，已经有足够的证据让科学家不再说气候没有变暖。】

Struck, Doug. "NOAA Scientists Say Arctic Ice Is Melting Faster Than Expected." Washington Post (2007-09-07).【本文提供了一个证据说明对未来冰损失的预测可能过于保守。】

Sturm, Matthew, Donald K. Perovich, and Mark C. Serreze. "Meltdown in the North." *Scientific American* (October 2003).【本文考察了目前北极区的冰融化对北极生态系统产生了何种影响，以及将如何影响世界其他的地方。】

Than, Ker. "Animals and Plants Adapting to Climate Change." LiveScience (2005-06-21).【本文介绍了生态系统的一些物种能适应正在变化的环境。】

——. "How Global Warming Is Changing the Wild Kingdom." LiveScience (2005-06-21).【本文介绍了哺乳类、鱼类、昆虫和其他野生动植物的生态学问题。】

——. "The 100-Year Forecast: Stronger Storms Ahead." LiveScience (2005-10-13).【本文提出了这样一个概念——未来全球变暖会产生"增强的"水循环以及更多的暴风雨】

——. "Polar Meltdown Near: Seas Could Rise 3 Feet Per Cen- tury." LiveScience (2006-03-23).【本文探究了因两极冰盖融化导致海平面上升的内在含义。】

——. "Global Warming Weakens Pacific Trade Winds." LiveScience (2006-05-03).【本文概述了为什么全球变暖导致信风减弱。】

Tibbetts, Graham. "Global Warming Could Close Half of Alpine Ski Resorts by 2050." Climate Ark (2003-12-03).【本文介绍了有关欧洲滑雪胜地面临的状况。】

Tierney, John. "In 2008, a 100 Percent Chance of Alarm." New York Times (2008-01-01).【本文概述了为什么要立即在全球尺度采取行动应对全球变暖。】

Time. "Global Warming: The Causes, The Perils, the Politics—and What It Means for You." (2007-04-09).【本文提出了保护环境和控制全球变暖的 51 种途径。】

Trivedi, Bijal P. "Mosquito Adapting to Global Warming, Study Finds." *National Geographic News* (2001-11-05).【本文描述了蚊子目前是如何迁移和适应变暖的气候的。】

——. "South African Desert Becomes Global Warming Lab." National Geographic News (2003-08-04).【本文特别关注沙漠问题，分析了目前的全球变暖效应，并概括了对其未来的预测。】

USA Today. "Global Warming Threatens Alpine Ski Resorts." (2006-12-13).【本文讨论了由于全球变暖，目前欧洲高山滑雪胜地所面临的经济问题。】

Vergano, Dan. "Global Warming Stoked '05 Hurricanes, Study Says." *USA Today* (2006-06-25).【本文陈述了为什么气候学家相信全球变暖助长了 2005 年破坏性飓风的肆虐。】

Wald, Matthew L. "Cleaner Coal Is Attracting Some Doubts." *New York Times* (2007-02-

21).【本文探讨了一个被称为“煤气化”的新技术被应用于新的火电站，以及它是否能如当初所想的是环境友好型的能源。】

——. “Study Details How U. S. Could Cut 28% of Greenhouse Gases” *New York Times* (2007-11-30).【本文概括了美国如何通过较小的技术革新和合理的花费，来减少温室气体排放。】

Walsh, Bryan. “The Fire This Time.” *Time* (2007-10-25).【本文谈及了加利福尼亚州的野火及其与气候变化的关联。】

Warburton, Louise. “No Where Else to Go—Climate Changes and Parrots: Can they Adapt to Survive?” *Bird Talk* (January 2007).【本文讨论了全球变暖对世界鸟类种群的生态学效应。】

Williams, Gisela. “Resorts Prepare for a Future Without Skis.” *New York Times* (2007-12-02).【本文讨论了全球变暖对旅游业影响的经济学问题。】

Williams, Jack. “Drilling Uncovers Past, Maybe the Future.” *USA Today* (1999-01-23).【本文回顾了气象学家通过冰芯研究过去的气候时，从中了解到的关于气候变化的知识。】

——. “Greenland's Ice Tells of Past Climates, Maybe Ancient Life.” *USA Today* (2004-08-30).【本文介绍了古气候学的重要性。】

Woods Hole Oceanographic Institution. “Abandoned Walrus Calves Reported in the Arctic.” *Oceanus Magazine* (2008-02-11).【本文介绍了因北冰洋大量海冰融化，海象面临的困境，以及最终它们将处于生存的危险境地。】

Woollard, Rob. “California Wildfires Force Mass Evacuations.” Discovery News (2007-10-23).【本文探讨了最近加利福尼亚州和美国西南部悲剧性的野火与干旱和全球变暖的联系。】

Zimmer, Carl. “Migration, Interrupted: Nature's Rhythms at Risk.” *New York Times* (2008-01-01).【本文讨论了迁移廊道以及全球变暖正如何影响它们。】

网站

全球变暖

http://www.climateark.org【气候方舟(Climate Ark)主页，由生态学互联网(Ecological Internet)赞助。本网站推行公共政策，包括减少碳和其他温室气体的排放、节能、替代能源、停止砍伐森林，以解决全球气候变化。】

http://www.climatesolutions.org【气候解决方案主页，由大气联盟和能源服务中心(Atmosphere Alliance and Energy Outreach Center)赞助，提供解决全球变暖的可行性方案。】

http://www.environmentaldefense.org【美国环保基金会(Environmental Defense Fund)主页。1967年，一群环境科学家建立了这个组织，这是他们的网站，提供有关理解全球变暖和其他关键环境问题的有品质的信息和有帮助的资源。】

http://www.epa.gov【美国环境保护署(Environmental Protection Agency)主页。这个站点提供有关美国环境保护署动态的信息，以及保护环境的项目。它提供有关全球变暖的

广泛信息。】

http://www.eea.europa.eu/themes/climate【欧洲环境署(European Environment Agency)主页。这个站点提出了他们有关空气质量、臭氧层枯竭和气候变化主题的报告。】

http://www.enviroweb.org【全球变暖:着眼于未来主页,由环境链接(Enviro Link)主办。这个站点提供有关全球变暖主题的统计和照片。】

http://www.net.org/warming【HotEarth.Net主页,由美国环境信托组织(National Environmental Trust)主办。这个站点提供全球变暖的成因、有害效应以及能够阻止其发生的解决方案等信息的文章。】

http://www.ipcc.ch/【政府间气候变化专门委员会(Intergovernmental Panel on Climate Change, IPCC)主页,由世界气象组织(World Meteorological Organization, WMO)和联合国环境规划署(United Nations Environment Programme, UNEP)共同主办。这个站点提供当前有关全球变暖科学的信息,以及实际解决方案和政策管理的建议。】

http://www.giss.nasa.gov【美国国家航空与航天局(National Aeronautics and Space Administration, NASA)戈达德空间科学研究院(Goddard Institute for Space Studies)主页,提供关于信息、研究和其他资源的大型数据库。】

http://www.ncdc.noaa.gov【美国国家海洋和大气局(National Oceanic and Atmospheric Administration, NOAA)国家气候数据中心(National Climatic Data Center)主页。这个站点提供了有关气候、气候变化和全球变暖的大量信息和资源。】

http://www.semcog.org/OzoneAction.aspx【臭氧行动主页,由美国政府的密歇根州东南部委员会主办。这个站点提供有关空气质量的信息,集中讨论臭氧、大气层、环境问题以及相关的健康问题。】

http://www.sciam.com【科学美国人杂志主页。这是一个在线杂志,经常提供一些有关气候变化和全球变暖的文章。】

http://www.tyndall.ac.uk【英国东安格利亚大学(University of East Anglia)廷德尔气候变化研究中心(Tyndall Centre for Climate Change Research)主页。这个站点提供了有关气候变化的信息,被认为是英国在气候变化研究上的领导者之一。】

http://www.ucsusa.org【忧思科学家联盟(Union of Concerned Scientists)主页。这个站点提供了有关全球变暖和臭氧损耗的高品质资源。】

http://unfccc.int/2860.php【《联合国气候变化框架公约》(United Nations Framework Convention on Climate Change, UNFCCC)主页。这个站点提供了有关气候变化信息和政策的一系列内容。】

http://www.usgcrp.gov【美国全球变化研究计划主页,由美国科技政策办公室、行政管理与预算局和环境质量委员会主办。重点提供了关注全球气候和生态系统问题监测的美国和国际科学项目的最新研究活动信息。】

http://www.worldwildlife.org/climate/【世界自然基金会(World Wild Fund for Nature, WWF)气候变化行动主页。本网站包括为应对全球变暖,各国正在做什么以及没有做什么的信息。】

温室气体释放

http://www.eia.doe.gov/environment.html【美国能源信息局（Energy Information Administration，EIA）网站，由美国能源部主办。本网站列出了官方的环境能源相关排放数据和来自美国政府的环境分析。本站包括美国 CO_2、甲烷和氧化亚氮的释放数据和其他温室气体的报告。】

http://www.wri.org/climate/publications.cfm【世界资源研究所—气候、能源和运输网站，由世界资源研究所主办。本网站汇集了用于稳定释放、农业和减缓温室气体、气候科学发现和可更新能源的全球技术报告。】

（赵斌、阳祖涛、张墨谦 译）

索　引

郑重声明